地铁车辆段上盖建筑振动预测方法研究

曹容宁　姜博龙　孙晓静　马　蒙　著

北京交通大学出版社
·北京·

内 容 简 介

本书是针对地铁车辆段上盖建筑振动影响的著作。全书共 7 章，涵盖了地铁车辆段的振动测试技术、数值模拟技术及振动传递特性研究。本书除对传统的振动测试和数值计算进行介绍之外，还从波的传播角度出发，分别从构件和结构层面对传统数值计算方法进行改进，为上盖建筑振动计算问题提供新的思路。此外，本书还对上盖建筑振动传递规律的影响因素进行了探讨。

本书结合实际工程，引入振动测试技术的介绍；从基本理论推导入手，引入数值计算方法的研究，可作为轨道交通减振降噪方向研究生和科研人员的参考书。

图书在版编目（CIP）数据

地铁车辆段上盖建筑振动预测方法研究 / 曹容宁等著. —北京：北京交通大学出版社，2023.4

ISBN 978-7-5121-4844-4

Ⅰ. ① 地… Ⅱ. ① 曹… Ⅲ. ① 地下铁道－车辆段－建筑结构－结构振动－预测－研究 Ⅳ. ① TU311.3

中国版本图书馆 CIP 数据核字（2022）第 231490 号

地铁车辆段上盖建筑振动预测方法研究
DITIE CHELIANGDUAN SHANGGAI JIANZHU ZHENDONG YUCE FANGFA YANJIU

责任编辑：黎　丹
出版发行：北京交通大学出版社　　电话：010-51686414　　http://www.bjtup.com.cn
地　　址：北京市海淀区高梁桥斜街 44 号　　邮编：100044
印 刷 者：北京虎彩文化传播有限公司
经　　销：全国新华书店
开　　本：170 mm×240 mm　　印张：9.5　　字数：182 千字
版 印 次：2023 年 4 月第 1 版　　2023 年 4 月第 1 次印刷
定　　价：59.00 元

本书如有质量问题，请向北京交通大学出版社质监组反映。
投诉电话：010-51686043，51686008；传真：010-62225406；E-mail：press@bjtu.edu.cn。

前　　言

地铁车辆段上盖开发是近年来轨道交通建设者和研究人员所关注的热点问题，这种新的建筑结构型式将会带来一些新的环境振动与噪声问题。本书介绍了地铁车辆段上盖建筑与普通邻线建筑在振动问题上的不同表现形式，并针对地铁车辆段振动测试、数值模拟计算和振动传递特性分析进行了详细的介绍。其中，关于车辆段上盖建筑的数值模拟计算问题，本书从波的传播角度出发，分别从构件和结构层面进行结构计算，为结构振动计算提供了一种新思路。

本书具有以下特点：

（1）从振源、传播路径、排放标准、减振降噪措施的落实等角度，分析了车辆段上盖建筑所面临的新的环境振动与噪声问题；

（2）完整地介绍了地铁车辆段平台的测试技术，以及采用传统有限元计算方法的车辆段上盖数值模拟技术；

（3）以波的传播理论为基础，采用谱单元法建立包含构件动力学特性的梁柱单元和板单元对梁、板、柱构件进行数值模拟，减轻了传统有限元法对单元网格密度的依赖；

（4）将上盖建筑视为沿高度方向具有周期性的结构，将整体建筑结构的自由度缩减至单层胞元内，提高了建筑结构动力响应模型的计算效率；

（5）对大量框架式上盖建筑简化结构进行振动计算，并对其振动传递规律进行研究，以此针对目前研究中建筑物振动传递规律所存在的差异给出普适性解释。

作者所在团队在轨道交通引起的环境振动预测、评估与控制方面开展了一系列现场测试、数值模拟、理论计算等研究；同时，研究团队还与比利时鲁汶大学、英国南安普顿大学等进行了学术交流，在轨道交通对环境振动影响的研究上积累了大量的经验。团队研究方向涉及振源特性与模拟、振动传播规律与预测评价、振动测试技术与减振措施等几个方面，并在振源及传播路径环节的研究上取得了大量的科研成果。本书主要针对受振体这一环节的研究成果展开介绍，书中所述内容是在作者及其研究团队的研究成果基础上整合加工而成的。

本书编写分工如下：曹容宁和马蒙负责确定各章内容，制定全书编写大纲；孙晓静负责全书的统稿和定稿工作；曹容宁负责编写第 1 章的主要内容和第 4、5、6、7 章；姜博龙负责编写第 2 章和第 3 章；侯帅参与第 1.2.1 节和第 3 章的编写工作。

刘维宁教授对本书的出版提出了许多宝贵的建议。

限于作者水平，书中错误和疏漏之处在所难免，欢迎读者批评指正。

著　者

2023 年 3 月

目　录

第 1 章

绪 论

1.1 地铁车辆段上盖建筑开发振动噪声问题

近年来，中国城市轨道交通发展迅速，北京、上海、深圳、广州、武汉等50座城市持续推进轨道交通建设，截至2021年底，累计城市轨道交通运营里程达9 192.62 km[1、2]。随着地铁线路的增多，供地铁车辆停放、检查、整备、运用和修理的车辆段数量也逐年增加。车辆段占地面积较大，在土地供需矛盾突出的城市，分布于每条线路两端的车辆段使土地资源利用率问题日益突出。因此，利用车辆段上部空间进行上盖物业二次综合开发（住宅、商业办公等）成为热点，不仅可以提高城市土地利用率、优化城市布局、涵养客流，还将获取丰厚的投资回报[3、4]，反哺轨道交通建设。

车辆段上盖建筑主要分为两种型式：建在车辆段轨道附近的落地建筑和直接建在车辆段平台上的建筑。对于建在平台上的上盖建筑，其布置型式主要有以下3种：① 采用结构转换层的盖上开发，即在盖上通过梁柱转换层或厚板创造一个强度均匀的开发平台，在平台上进行自由开发，如图1.1（a）所示；② 上部建筑落地开发，通过对上下结构关系的匹配使开发建筑的主结构直接落在底层基础上，如图1.1（b）所示；③ 上部建筑交叉复合落地开发，即上部建筑与下部平台结构形成交叉模式并落在底层基础上，如图1.1（c）所示。上盖建筑的主要结构型式有框架结构、剪力墙结构、框架剪力墙结构等。

车辆段上盖建筑属于在地铁列车频繁进出、设备检修的工厂作业区域环境下建造的建筑项目，这种新的建筑型式也引发了一些新的环境振动与噪声问题。

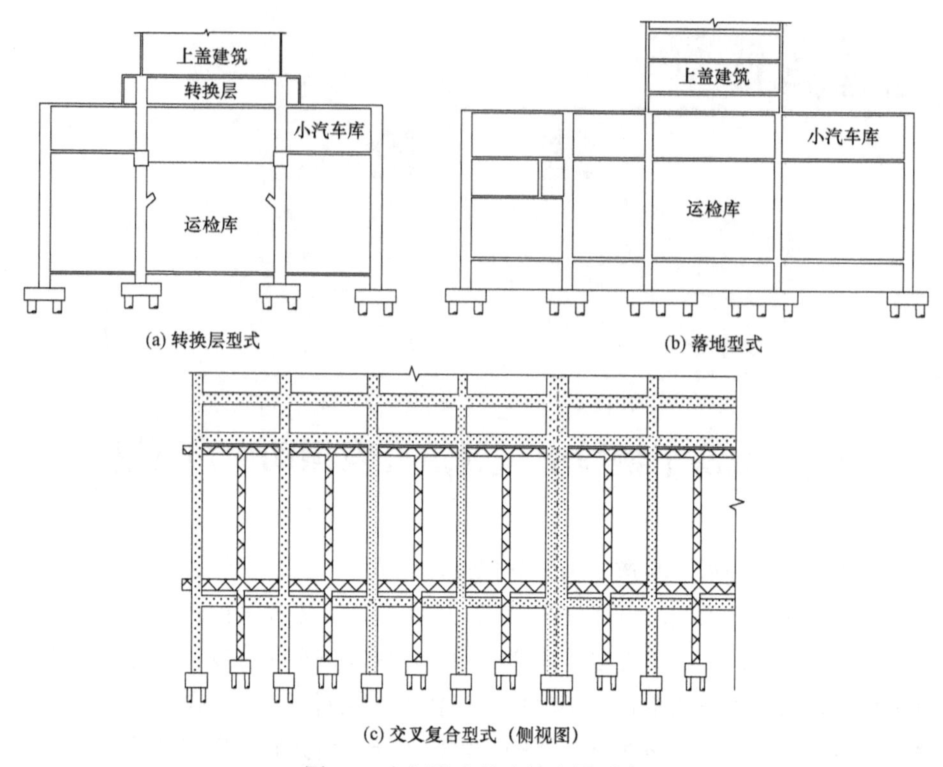

(a) 转换层型式　　(b) 落地型式

(c) 交叉复合型式（侧视图）

图 1.1　车辆段上盖建筑布置型式

（1）与建造在一般场地或地铁运营线路周边的建筑项目相比，车辆段上盖建筑的振动与噪声影响问题表现不同。

在振源方面，首先，车辆段内列车通常为空载状态且车速较低，除试车线与正线速度一致外，出入段线速度一般为 15～40 km/h，而检修库、运用库、咽喉区等功能区的车速一般为 5～25 km/h；其次，为方便列车进出，车辆段内线路设置平坡，咽喉区道岔、弯道较多，这与地铁运营线路的设置存在很大差异；最后，车辆段内存在多列列车同时运行的情况，使上盖建筑受到多振源激扰。

在传播路径方面，对于直接建于平台上方的上盖建筑，由轮轨作用产生的振动经道床、立柱、车辆段平台直接传递至建筑物内，不经由土体传播；而运营线路中，振动从振源经由土层传递至建筑物中，土层对振动具有不可忽视的衰减作用。

在上盖建筑振动敏感点方面，上盖建筑开发类型众多、结构型式各异，开发位置与下部结构的相对位置关系多变，振动响应特性和传播规律不[illegible]，使得该问题更加复杂。

（2）振动在建筑物中的传递机理不清晰。

由于车辆段内的振源特性，以及振动传播路径与普通运营线路不同，导致上盖建筑基底所受激励的频率分布及幅值大小与普通邻线建筑不同，从而使车辆段上盖建筑内振动总能量的传递规律亦发生变化，因此有必要对建筑物的振动传递机理进行研究。

（3）突破传统生活区建筑建设的质量标准及工业厂区振动与噪声排放标准。

对于物业建设的质量标准，在《声环境质量标准》（GB 3096—2008）和《城市区域环境振动标准》（GB 10070—1988）中，针对康复疗养、住宅文教、商业、工厂生产等不同功能区进行了严格分类，每一类功能区都有不同的噪声和振动限值。然而上盖建筑既有住宅文教区又有商业区，同时还处于轨道交通和工厂作业环境中，突破了声环境和振动环境规范的分区标准。

对于环境排放来说，车辆段同时处于轨道交通环境和维修运检的施工环境中。《铁路边界噪声限值及其测量方法》（GB 12525—1990）对距离铁路外侧轨道中心线 30 m 处的铁路边界噪声限值和测试方法进行了规定。而车辆段中列车进出的线路众多，无法定义铁路边界具体位置。《建筑施工场界环境噪声排放标准》（GB 12523—2011）和《工业企业厂界环境噪声排放标准》（GB 12348—2008）对建筑施工场地边界和工业企业厂界噪声排放限值进行了规定，以免影响附近的噪声敏感建筑。然而上盖建筑位于车辆段场地上方，对施工场界和工业企业厂界噪声的限制与上盖建筑的噪声控制无直接关系。由此可见，对于车辆段区域的振动与噪声测试方法与排放标准，目前已有的标准已不再适用。

（4）减振降噪措施规范如何落实需要具体计算。

北京市地方标准《地铁噪声与振动控制规范》（DB11/T 838—2019）主要针对轨道减振措施进行了介绍，未涉及建筑物防护措施。

北京市地方标准《地铁车辆段、停车场区域建设敏感建筑物项目环境噪声与振动控制规范》（DB11/T 1178—2015）针对建筑振动防护提出：在建筑基础底板铺装减振材料或装置、采用房中房以及浮筑楼板等减振措施；针对噪声防护提出：采用隔声窗、隔声外廊等措施。

上述规范列举了普通建筑结构常用的减振降噪措施，但并未给出振动噪声的预测计算、减振降噪措施的设计及相应的技术程序。一般来说，建筑结构的振动噪声可能只在某些频段超标，目前规范没有提出与频率相关的振动噪声预测要求及方法。

综上所述，车辆段内振源与传播路径和运营线路存在很大差异，这就导致以运营线路为背景的相关研究成果不适用于解决地铁车辆段上盖建筑开发的振动问题，而且上盖建筑结构类型丰富、结构设计多样，对于不同的建筑结构，振动噪声预测及措施方案设计需要大量精准的分析计算。因此，对于上盖建筑的振动传递机理以及相应的精准高效的计算方法需要进行全面、深入的创新性研究。

要对车辆段上盖建筑的振动噪声进行快速精准的预测及措施方案设计，上盖建筑的振动传递机理是一个关键性的基础问题。因此，除了介绍车辆段平台的测试和车辆段上盖建筑的传统有限元数值模拟方法外，本书还将聚焦于上盖建筑的振动传递机理，研究基于波的传播理论的计算方法，并在此基础上，进行大量工况的计算，得到一种基于数据库的快速计算方法，以便从响应频域特征、结构振型、建筑物设计参数的影响等方面深入研究上盖建筑的振动传递规律，为今后开展工业化的车辆段上盖建筑振动噪声快速预测、建筑结构布局优化等措施方案的设计奠定基础。

1.2 研 究 现 况

车辆段上盖建筑振动的研究主要有理论分析、现场实测、数值模拟及实验室试验等方法，其中现场实测的方法最为直接，但是局限性较大，数值模拟方法适用性较广，应用较多。本节将从车辆段上盖建筑现场实测、数值模拟方法、振动传递特性等角度对研究现状进行分析总结。

1.2.1 车辆段上盖建筑振动测试研究

通过现场实测的方法，可以对地铁车辆段各区域列车行驶引起振动的振源、上盖平台、上盖建筑的振动特性和传播方式进行最为直接的研究。

地铁车辆段包括试车线、咽喉区、运用库和列检库等区域，各个区域内列车的运行特点不同，产生的车致振动情况也有所不同。梁常德等[5]对比在车辆段产生振动的几个区域中的响应，通过在上盖平台和上盖建筑室内进行振动实测，发现试车线产生的振动最大，且列车出库略大于入库。邬玉斌等[6]也通过实测发现了列车出库的振动影响较入库大。曾泽民[7]通过深圳某地铁车辆段现场实测发现咽喉区和试车线是受振动影响较大的区域。陈艳明等[8]根据实测数据分析了某下沉式地铁车辆段咽喉区振源、土层和上盖建筑振动响应，研究了该位置振动传播规律，发现在车辆段咽喉区列车运行引起的振动响应突出，应重点减振。Liang 等[9]也发现了试车线和咽喉区的列车环境振动强度大于其他区域。地铁车辆段主要区域线路特点见表1.1。

表1.1 地铁车辆段主要区域线路特点

区域	线路特点	最大行车速度/（km/h）
咽喉区	道岔、轨道接头多，轨道不平顺严重	20～30
试车线	试车车速较高	60～80
运用库	线路较平稳，行车速度较低，减速行驶	5

列车运行引起的振动包括竖向振动和水平振动。汪益敏等[10]现场实测了试车线列车运行时临近地面和建筑物的振动响应，发现地面竖向振动明显大于水平振动。曾泽民[7]发现咽喉区曲线段地铁运行引起的水平振动明显大于竖向振动，试车线上盖建筑则以竖向振动影响为主。邹超等[11]对车辆段咽喉区列车运行时周围地面的振动响应进行了实测，分别在时域、频域内分析其传播规律，结果表明，咽喉区直线段地面竖向振动加速度级略大于水平振动加速度级；曲线段地面竖向振动加速度级略小于水平振动加速度级。除咽喉区曲线段水平振动大于竖向振动外，试车线和咽喉区直线段均是竖向振动大于水平振动，所以针对地铁车辆段上盖建筑车致振动的预测和控制应以竖向振动为主。

在车辆段不同区域，列车运行产生竖向振动的频率成分也有所不同。曾泽民[7]发现咽喉区振动80～100 Hz高频成分沿地面传播时，随距离增加衰减较快，试车线60 Hz以上的高频成分衰减较快。汪益敏等[10]针对试车线，现场实测了临近地面及建筑物振动响应：振动沿临近建筑物向上传播时，振动频率成分主要是5～60 Hz，高频部分衰减明显，最大振级为48.9～76.2 dB；地面振动峰值在25～40 Hz频段，建筑楼板分频最大加速度级在20～25 Hz频段。邹超等[11]发现对于车辆段咽喉区列车引起的振动，随着距离增加，中高频振动衰减速度较低频振动更快，直线段区段近场振动峰值主要频率在40 Hz左右，曲线段区段在30～40 Hz之间；试车线区域近场峰值频率出现在36 Hz。冯青松等[12]基于广州某车辆段的现场实测，发现列车运行引起的地面垂向振动的主频在试车线、咽喉区和检修线，分别为60～80 Hz、50～60 Hz和20～40 Hz。整体而言，列车运行引起的振动随着距离增加而衰减，距离越近，衰减越快，中高频段衰减速度较低频段更快。总体而言咽喉区曲线段和试车线竖向振动峰值频率出现在25～40 Hz之间，咽喉区直线段竖向振动峰值频率出现在31.5～40 Hz之间，根据车辆段结构的不同也会出现个别不同情况。

1.2.2 结构数值计算模型研究

1.2.2.1 构件单元的计算模型

土木工程中的结构通常由梁、柱、板、墙等构件组成，根据具体的研究对象及研究目的，可以采用不同的建模方法对结构进行计算。下面将分别针对有限元法和谱单元法进行总结和分析。

1. *有限元法*

在结构动力计算中，有限元法是最常用的计算方法之一[13]。有限元法的基本计算原理是将结构离散为有限个单元，根据节点广义位移和几何关系得到形函数，通过虚功原理计算单元动刚度矩阵和质量矩阵，再对所有单元进行集成，得到总体动刚度矩阵，从而计算节点动力响应。建筑结构中常见的有限单元类型有梁单元、板单元、实体单元等[14]。

由于有限元形函数通常由多项式插值拟合得到，忽略了单元的振动特性，而在不同频率上，结构单元的振动形状是不同的。所以，在进行有限元动力计算时，往往需要划分较小尺寸的单元网格来模拟单元的高频振动形状。但过小的单元尺寸使得结构单元数量过多，计算体系过于庞大，从而导致计算效率降低。由此可以看出，若单元尺寸过小，则计算效率降低；若单元尺寸过大，则高频振动响应结果准确度降低。因此，采用有限元法对建筑物进行数值模拟时，要根据分析频率的范围，选择合理的单元尺寸，在计算结果的准确性和计算效率之间取得平衡。然而，若建筑物模型过于庞大，或关心频率较高，将难以同时保证计算结果的准确性和计算的高效性。因此，如果能够通过改进形函数的精确度，使其不仅能够符合单元的几何位移条件，还能够反映单元的振动特性，那么则既可以保证计算结果的准确性，又无须划分过密的单元网格使计算效率降低。

2. *谱单元法*

谱单元法（spectral element method，SEM）[15]是一种基于构件中波的传播理论，在频域中计算结构动力特性和响应的方法。在任意频率处，构件的位移可以根据其对应的平衡方程表示为不同波的叠加，而每一种波的幅值则由边界条件决定。在结构中，表示节点荷载和位移关系的动刚度矩阵可以根据此方法计算，进而得到结构的精确动力响应结果。由于谱单元法的位移函数由平衡方程精确计算得到，因此构件中材料几何参数不变的规则区域只需划分一个单元即可达到求解结构精确动力响应的要求。

1941 年，Koloušek[16]首次通过求解单元振动微分方程，得到欧拉梁的精确动刚度矩阵。自此，很多学者基于这种精确的动刚度矩阵法，考虑多个自由度、不同边界条件等因素来推导梁的动刚度矩阵。

（1）多个自由度。继得到欧拉梁的动刚度矩阵后，Koloušek 在书[17]中推导了考虑轴力和阻尼的欧拉梁的动刚度函数。但是由于欧拉梁忽略了剪切变形和转动惯量，对于截面较高的高腹梁及考虑高频的情况存在误差。Przemieniecki[18]采用与谱单元法相同的理论，基于结构的控制方程，推导了梁单元和杆单元的动态形函数。Cheng 等在 1970 年推导了考虑剪切变形和转动惯量的 Timoshenko 梁的动刚度矩阵[19]，并在3年后给出了考虑轴力的Timoshenko梁的动刚度矩阵[20]。1976 年，Akesson 等[21]采用精确动刚度算法，将平面梁单元组合成框架，编写了计算平面框架振动的 PFVIBAT 程序。1977 年，Richards 等[22]同时考虑了梁的轴向变形、扭转变形和弯曲变形，计算了空间梁构件的精确动刚度矩阵，并将其应用到三维框架结构。1978 年，Narayanan 等[23]计算了梁单元频域内的精确动刚度矩阵后，首次利用傅里叶变换，在频域求解振动响应。1982 年，Spyrakos 等[24]利用该方法计算在梁单元受轴力、弯矩、剪力作用下，考虑内外阻尼，弯曲、扭转、剪切变形的动力响应。Banerjee 等在 1989 年推导了均匀梁单元弯扭耦合振动的动刚度矩阵[25]，在 1992 年先后推导了轴向力作用下欧拉梁弯扭耦合振动的动刚度矩阵表达式[26]和均质 Timoshenko 梁单元的弯扭耦合振动动刚度矩阵的解析表达式[27]，并在 1994 年进一步推导了轴向力作用下的弯扭耦合梁的动刚度矩阵[28]。1996 年，Banerjee 等[29]又针对考虑翘曲刚度的薄壁开口梁的动刚度矩阵进行了研究。1989 年，Doyle 在 *Wave propagation in structures*[15]一书中，应用谱单元法计算了杆、梁构件的动态形函数和动刚度，并类比静力情况，分析了动刚度特征曲线。

对于组合结构，2000 年，Lee[30]提出了谱单元法和状态传递法相结合的方法（STMM），用于求解由简单梁构件组成的周期性格栅梁结构动力响应。同年，Lee 等[31]运用谱单元法列出运动方程，通过可测得的振动响应求解梁构件未知的边界条件参数。

（2）不同边界条件。1987 年，Williams 等[32]推导了欧拉梁在弹性地基支撑下的动态刚度矩阵和自振频率。1988 年，Issa[33]计算了曲线 Timoshenko 梁在 Winkler 地基支撑下的动态刚度矩阵和自振频率，并分析了曲梁的弯曲惯量、扭转惯量、剪切变形、扭转刚度、圆角、与地基的接触面积和地基参数对其自振频率的影响。同年，Capron 等[34]利用精确动刚度（DSM）法计算了嵌入在弹性介质中，受轴向荷载作用 Timoshenko 构件的精确动刚度矩阵，并计算自振频率。2005 年，Girgin 等[35]基于 Mohr 法计算非均匀梁在不同支撑状态的动刚度矩阵，并比较单参数、双参数弹性支撑，恒定的、可变的支撑刚度，部分支撑、完全支撑及无支撑条件对动态刚度矩阵的影响。2008 年，Arboleda-Monsalve 等[36]研究了弹性地基上具有广义边界条件的 Timshenko 梁的动态刚度矩阵。

谱单元法在大部分情况下应用于计算一维结构问题，在解决二维问题时，通常会对结构的边界条件或几何形状有一定的限定条件。1989 年，Langley[37]根据板的平衡方程计算了一组对边简支、一组对边固支的矩形板的动刚度矩阵。他首先通过已有的 Levy 方法得到了对边简支方向的振型，将平衡方程降为一维问题，再针对另一方向计算动刚度矩阵。Gavrić[38]对薄壁结构进行了研究。在某一方向上的对边为典型边界条件，另一方向的边界任意的情况下，可以引入谱单元法（SEM）进行求解。Doyle[39]研究了半无限板结构的谱单元计算模型。2005 年，Birgersson 等[40]针对矩形板，采用超谱单元法，即一个方向采用有限条状单元法，另一个方向采用谱单元法进行形函数和动刚度矩阵的计算。其中在采用有限条状单元法的方向需要有对边边界条件限制，而另一方向则可以为任意边界条件，并在该方向的边界上与另一个板进行了耦合。2015 年，Park 等[41]进一步放宽了边界条件的限制，对 4 个顶点固定、其余边界任意的矩形板进行研究。他们通过边界分离法将矩形板分解成两个子问题，并结合超谱单元法进行动力响应计算。2016 年，Park 等[42]又将边界分离法进行了改进，采用超谱单元法，实现了四边任意边界条件的矩形板的动力响应计算。2021 年，曹容宁等[43]基于 Park 提出的超谱单元法，建立了梁–板–柱耦合结构的谱单元模型，实现了谱单元法在包含梁、板、柱构件的框架结构中的应用。

综上，研究者们采用谱单元法对梁、板、柱构件的形函数、动刚度矩阵和动力响应进行了精确计算。

1.2.2.2 结构的整体模型研究

结构由不同的构件以不同的连接方式组合而成。在采用 1.2.2.1 节所述方法完成了构件单元的建模后，可以按照构件的连接方式，将各个单元集成为整体结构模型。

1. 有限元模型

在轨道交通引起的建筑物振动研究中，大部分建筑结构的数值模型都是通过将有限单元集成为二维或三维的整体结构进行数值计算的。

2000—2010 年，国内采用有限元法对建筑物进行数值模拟的研究非常多。浙江大学王柏生团队[44–46]，同济大学楼梦麟团队[47–50]，北京交通大学夏禾团队[51–57]、刘维宁团队[58–61]等，均采用有限元法对轨道交通引起的建筑物振动进行数值计算，以此来分析建筑物振动的影响因素、传递规律等。

在2010年后，为了更精确地模拟微振动下的建筑物振动，建筑物的有限元数值模型中除了包含最基本的梁、板、柱等承重结构，还考虑了如门、窗、装饰层等结构细节。这种更加精细化的建模方式可以模拟复杂的非结构构件[62、63]，以及结构中的局部细节[64]，从而使有限元法的优势更加突出。武汉理工大学谢伟平团队采用有限元法，在建立框架墙的基础上考虑填充墙、装饰面及门窗开洞的情况，并采用此种精细化的建模方法分别对大跨度车站结构[65]、宁波地铁天童庄车辆段上盖建筑[62]、武汉常青花园车辆段平台和上盖建筑[66]建立有限元模型，并进行舒适度评价。严舒玮[64]考虑了车辆段平台与上盖建筑连接局部细节，用实体单元模拟混凝土材料，梁单元模拟钢筋材料，对车辆段上盖建筑振动进行了有限元计算。

2. 谱单元模型

谱单元法可以计算由梁构件组成的平面框架结构和空间框架结构的振动响应、单边耦合的矩形板的动力响应及梁板柱耦合结构的动力响应。目前采用谱单元法对整体结构进行建模的研究相对比较少。2011年，张俊兵等利用谱单元法分析了空间桁架和框架结构的地震响应[67–69]，以及移动荷载作用下桥梁的动态响应问题[70]。2014年，何政和张昊强[71]采用谱单元法分析了超高层建筑结构的竖向地震响应。2016年，鄂林仲阳等[72]对空间刚架的动力学特性进行了分析，与有限元法相比，谱单元法更适宜解决中高频振动问题。Hussein 等[73]在波数–频率域内建立建筑结构的二维模型，计算列车引起的建筑振动，其计算原理与谱单元法相同。

1.2.2.3 结构的简化模型研究

除了上述提到的，将整个结构的构件单元全部集成进行整体建模，也有一些研究根据结构的自身特性对结构进行简化建模。蒋通等[74]将建筑楼板简化为单自由度体系，提出了地铁引起的建筑物楼板振动预测的简易建模方法。为了减小模型体量，提高计算效率，Lopes 等[75]、冯青松等[76、77]采用动态子结构法对建筑振动响应进行分析。下面将分别针对阻抗模型与周期结构模型对结构的简化方法进行系统的讨论。

1. 阻抗模型

2012年，Sanayei 等[78、79]假设相邻柱子之间的振动传播相互独立，将建筑框架结构简化成一维单一承重结构（见图1.2），建立轴向波竖向传播的阻抗模型，计算了振动波在框架柱–楼板之间的竖向传播。2014 年，Sanayei 等[80]通过对波士顿的一座有地铁下穿的 4 层建筑进行现场测试，发现同一楼层的两相邻柱的振动响应相干性很低，从而验证了其于 2012 年提出的相邻柱子振动相互独立的假设。邹超[81、82]在此基础上将车辆段平台和上盖建筑结构简化为单一承重结构，基于阻抗解析模型，计算了以杆单元为基础，主要考虑轴向波在上盖建筑中传播的一维阻抗模型和以半无限杆–梁单元为基础，考虑轴向波和弯曲波在上盖建筑中传播的二维阻抗模型（见图 1.3）。此外，他还对剪力墙结构的二维阻抗模型进行了研究，建立了剪力墙面内波和横向弯曲波沿高度方向传播的阻抗模型，得出了竖向承重结构的振动传播以轴向波为主的结论。另外，作者基于阻抗模型分析了建筑物楼层、竖向承重结构参数（截面积、密度、弹性模量）及楼板结构参数（厚度等）对振动传播规律的影响，提出楼板上加铺轻质材料既可以提高楼板阻抗，使振动衰减，又避免了增大楼板厚度带来的抗震设计风险。2020 年，邹超[83]再次基于阻抗理论，考虑剪力墙中弯曲波的传播，对上盖建筑水平向振动响应进行预测。这种基于阻抗模型的计算方法目前只考虑到二维模型，还没有针对三维模型的研究。这种简化从振动传播原理上将结构抽象出来，通过解析模型的计算，可以从原理上掌握振动的竖向传播规律，并以此提出结构减振措施。但这种阻抗模型过于简化，忽略了相邻承重结构之间的相互作用；另外，模型中的楼板只起到振动竖向传播的阻抗作用，而其自身的振动特性却没有得到充分考虑。为了考虑楼板振动特性及相邻承重结构之间的相互作用，Clot 等[84]将振动简化为多柱–楼板的模型来研究振动的竖向传播（见图 1.4），模型中考虑了柱子的轴向振动和楼板的平面外垂向振动。

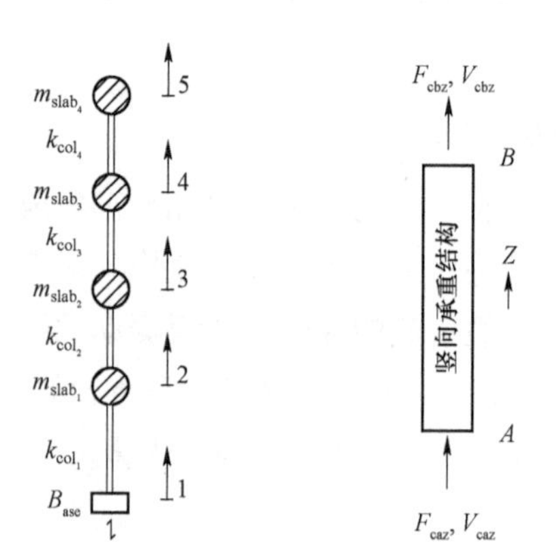

（注：k 表示柱结构动刚度；m 表示板结构动质量；

V_{caz}，V_{cbz} 表示柱结构节点轴向速度；F_{caz}，F_{cbz} 表示柱结构节点轴向力）

图 1.2 一维单一承重结构[79,81]

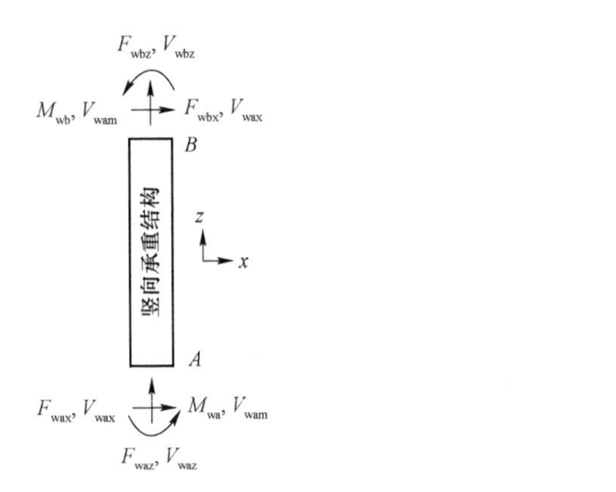

（注：F_{wax}、F_{waz}、M_{wa}、F_{wbx}、F_{wbz}、M_{wb} 分别为节点横向剪切力、轴向力和弯矩，V_{wax}、V_{waz}、V_{wam}、V_{wbx}、V_{wbz}、V_{wbm} 分别为节点横向速度、轴向速度和角速度）

图 1.3 二维阻抗模型[81]

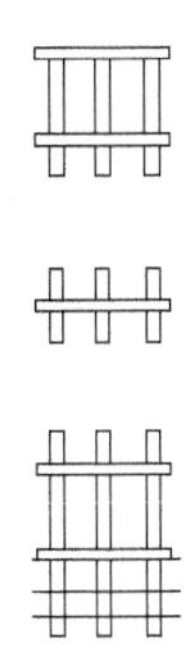

图 1.4 多柱–楼板结构[84]

2. 周期结构模型

当结构沿着某一方向具有重复性的结构特征时，可以将其视为周期结构或类周期结构。常见的周期结构有：跨海大桥、轨道结构等。其实，前文所提及的梁、板、柱均匀构件，也可以视为沿某一方向具有重复性的特殊周期结构。根据谱单元法的思想，可以利用构件中波的传播理论来对构件的振动进行研究。同样的，对于普通的周期结构，也可以从结构中波的传播这一角度对结构的振动进行研究。

1953 年，Brillouin[85]在电子工程领域首次提出周期系统中波的传播理论。20 世纪 60 年代，周期性系统中波的传播理论渐渐被引入结构工程领域。1964 年，Heckl[86]在对周期性支撑梁、梁格栅等结构进行研究时，根据相邻两支撑位置处波的幅值衰减和相位变化定义了波的传播常数这一概念，并以此描述结构中的波的传播特性。1970 年，Mead[87]在对周期性支撑梁的研究中，更进一步地解释了波的传播常数这一概念。相邻两跨间，波的幅值比为 e^{u_r}，相位差为 u_i，$u=\pm(u_r+i\cdot u_i)$ 即为传播常数，所有相邻跨之间传播常数不变。同年，Gupta[88]对周期性支撑的梁结构和板结构进行了研究，并利用波的传播常数获得了结构的自振频率。Mead[89]总结了 20 世纪 60 年代到 90 年代更多关于周期性连续结构的研究。对于周期性连续结构，可以根据结构的控制方程得到准确的简谐解，并结合波的传播理论求解传播常数。

1973 年，Mead[90]根据周期性连续结构中波的数量与胞元一端的自由度数量之间的关系，推演出对于非连续的周期结构，波的数量仍然为相邻两胞元间自由度数量的 2 倍。至此，波的传播理论被引入非连续周期结构的研究中。在非连续的周期结构中，胞元内的结构变得更加复杂，无法通过控制方程进行直接求解，为此，自 1974 年起，有限元法（FEM）被引入周期结构的研究中[91–99]。Orris[91]在对周期性支撑连续梁、板肋结构进行研究时，对胞元结构进行离散，并根据多项式插值进行有限元建模，结合相邻胞元之间的波的传播关系求解结构的动力特性。由此可见，在周期结构理论中引入有限元法，既可以求解连续结构[100]，也可以求解非连续结构[101、102]。在周期结构理论中引入有限元法，对求解复杂的周期结构具有里程碑式的意义，一些学者将这种方法称之为波–有限元法（WFEM）[103]。

近年来，波–有限元法已在各个周期性结构工程中有所应用，如格栅结构[104]、轨道结构[105、106]、桥梁结构[107–110]、环形周期结构[111]等，如图 1.5～图 1.8 所示。此外，程志宝[112]还将二维周期性框架结构简化成具有集中质量和弹簧约束的一维周期结构（见图 1.9），用于讨论框架结构水平向频散特性。与采用有限元法建立整个结构的数值模型相比，波–有限元法的应用使得节点数量减少至一个胞元以内，大大提高了计算效率。Waki 等[113]针对采用波–有限元法进行动力计算时的数值不稳定问题进行了研究。

图 1.5 周期性格栅结构[104]

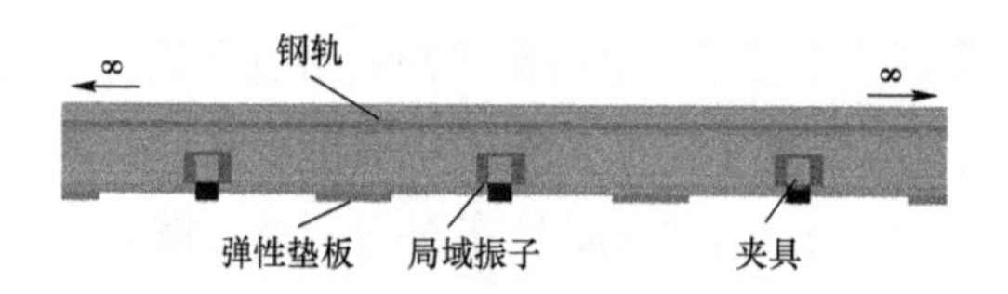

图 1.6 周期性轨道结构[106]

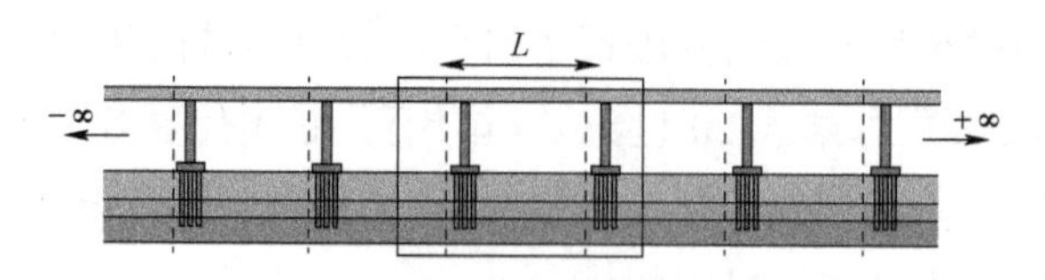

图 1.7 周期性桥梁结构[109]

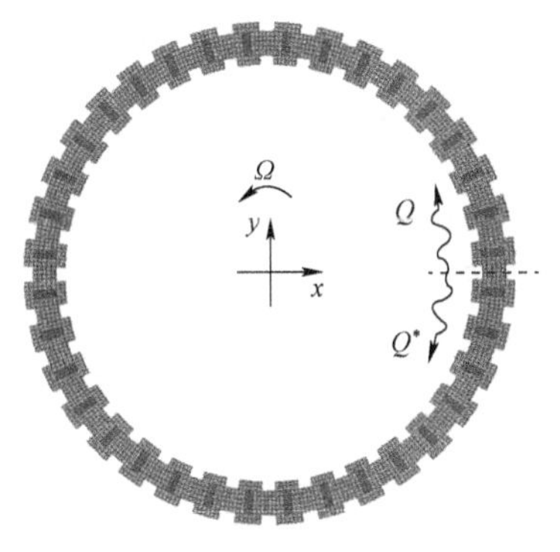

图 1.8 环形周期结构[111]

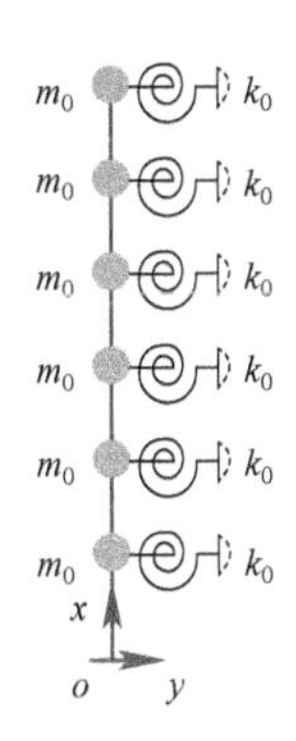

图 1.9 一维周期结构[112]

除了提高计算效率，周期结构中波的传播理论可以从根本上解释结构的振动传递机理，即结构的振动由多种不同类型的波叠加而成。许多文章基于这一原理，对周期结构进行了更深入的拓展研究。Zhang 等[108]基于波的叠加，通过周期结构中某些已知的测点响应，反演出结构中的波，进而优化结构中如弹性模量等不确定的材料参数。这种方法还被应用于高架桥的模型修正上[107]。易强[106]通过波－有限元法对三维轨道结构中的不同类型弹性波的传播、耦合与转换进行研究，进而分析三维轨道结构的动力特性。徐斌等[110]对周期性高架桥的平面内振动能量带进行分析，分析桥墩、接头、桥梁的刚度对波的衰减的影响，并根据桥梁主频与能量带的关系提出对桥梁结构的设计要求。Shorter[114]通过对波的传播理论的研究，发现粘弹性层状结构中的各类波的衰减特性与其对应的截面应变能分布相关。卢超等[115-117]通过波导对钢轨伤损检测进行了研究。

1.2.3 建筑物的振动传递特性研究

针对建筑物的振动传递特性，一些研究根据振动衰减理论或基于大量实测总结出适用于大部分普通建筑结构的振动传递规律，并总结出经验公式便于快速预测建筑室内振动。而另一些研究则是针对某一个建筑工程进行实测或数值模拟，得到某具体建筑的振动传递特点。

1.2.3.1 采用经验公式法进行快速预测

早在 1979 年，Kurzweil[118]在其提出的著名的振动衰减链式公式中，包含了建筑物内部振动衰减修正项 C_b。他提出每升高一层，重型（砖石）结构振动加速度级衰减 3 dB，轻型结构振动加速度级则几乎无变化，甚至还会由于楼板的共振而有所放大。

在美国 FTA 交通振动与噪声评价体系[119]中，针对不同楼层的振动衰减量及楼板共振引起的振动放大量给出了具体的修正值[120]，如表 1.2 所示。

表 1.2　建筑物内部振动修正值[121]

影响因素	对传播基准曲线的校准		备注
楼层间振动衰减	地上 1～5 层	−2 dB/层	考虑振动能量在楼层中传播引起的衰减
	地上 5～10 层	−1 dB/层	
楼板、墙体、天花板共振	20～30 Hz	+6 dB/层	最终振动幅值与结构型式关系很大；在墙体–楼板、墙体–天花板连接处振动较小

2000 年，丹麦针对铁路振动，提出了三分之一倍频程下振动的半经验预测模型[122]。该模型给出了建筑物第一层和顶层的振动加速度级，公式中包含了土层和建筑基础间的耦合损失、基础到第一层楼的振动传递和第一层楼到顶层的振动传递。

由以上研究可以看出，随着楼层升高，建筑物室内的振动衰减量为 1～3 dB/层，但是在楼板的共振频率处振动会有所放大。

1.2.3.2　针对具体工程的精准预测

近年来，随着人们对生活品质追求的提高，对建筑物室内振动预测与评估的准确性要求随之提高，加之测试技术的发展和商业有限元软件的普及，越来越多的学者开始针对某个具体建筑物的振动传递特性进行更加细致和具有针对性的研究。

在 2000 年至 2010 年之间，通过实测或数值方法对普通建筑物振动进行的研究较多。2010 年以后，针对如车辆段上盖建筑等特殊建筑的振动特性研究增多，此外，对建筑物的数值建模也更加精细化，不少研究将隔断墙、门窗、装饰层等结构细节考虑到数值模型中。

本书将众多研究所得到的振动传递规律进行了总结。

1. 从振动总能量上看

对于大多数中低层建筑，轨道交通引起的建筑物楼板中部振动响应随楼层增大，如图 1.10 所示。陈建国等[123]对京广线附近的 6 层砖混建筑内部各层楼板进行振动测试，发现楼板竖向振动和水平向振动沿层高整体呈放大趋势，但列车类型、速度的改变对振动随楼层放大的速率有影响。姚锦宝等[54]在对一个 12 层建筑进行数值计算时，也得到相似规律。王田友等[49]通过数值计算总结出多层框架建筑竖向振动平均每层放大至少 1 dB。张楠等[52]对八王坟车辆段及上盖的 12 层建筑物进行二维有限元数值分析，结果表明建筑物振动随楼层增加略有上升，但总体变化不大。谢达文等[124]通过建立二维有限元模型，对北京地铁 8 号线邻近敏感建筑物的振动传递规律进行研究，得出竖向振动的最大速度随楼层递增，但增加的幅度逐渐减小。洪俊青等[125]通过建立土层–建筑物二维有限元模型，分析了列车振动引起的临近 4 层建筑物的振动响应变化规律，分析表明，在同一频率的列车荷载影响下，上部楼层振动相比于下部楼层有小幅上升。闫维明等[126]分别对地下和地面线的平台上方多层住宅建筑物的竖向振动进行了现场实测，对于地下线路上方的 9 层框架结构住宅，竖向振动在第 5 层以下逐层增强，第 5 层以上振动基本无变化；对于地面线路平台上方的 6 层框架结构建筑物，竖向振动随楼层增加而逐渐增强。邹超在文献[81]中解释，中低层建筑物振动随楼层单调递增是由于振动波传递至顶层后并未完全衰减，产生反射行为。

另外一些研究发现，尽管中低层建筑物振动随楼层逐渐增大，但当总楼层数量增多时，振动随楼层增加会呈现先减小后增大的规律，如图 1.11 所示。魏鹏勃[127]通过数值模拟的方式对地面线和地下线引起的邻近 4 层、14 层和 24 层建筑物的振动特性进行了分析，得出 4 层建筑物竖向振动随楼层呈小幅增加，而 14 层和 24 层建筑物随楼层呈现先减小后增大的规律。邬玉斌等[128]对车辆段上盖的 9 层住宅进行了实测和数值模拟，结果表明楼板中心振动加速度峰值随楼层增加先减小后增大。谢伟平等[129]通过对一个 12 层的车辆段上盖建筑物进行精细化数值模拟，得出楼板跨中竖向振动沿楼层先减小后增大，而水平向振动随楼层单调递增。Zou 等[130]在对某车辆段上盖一个 14 层和一个 25 层的建筑物进行竖向振动测试时发现，在主频附近的振动能量在低层有轻微放大，然后在中部楼层衰减，在顶部楼层再次放大。同年，作者在文献[81]中分别建立车辆段平台上 5 层、10 层、15 层、20 层和 25 层框架–剪力墙建筑数值模型，发现低于 20 层的建筑物振动随楼层单调递增，高于 20 层的建筑物随楼层先减小后增大。冯牧等[131]对沪宁线附近一 32 层住宅进行测试，得出建筑物的振动随楼层的增加呈现折线变化的趋势，楼层振动的传递存在拐点。孙成龙[132]通过数值模拟分别计算了地铁线邻近的 8 层、14 层和 20 层建筑物的振动特性，得出 8 层建筑物振动随楼层逐渐增大，而 14 层和 20 层建筑物振动随楼层呈波浪形变化趋势。

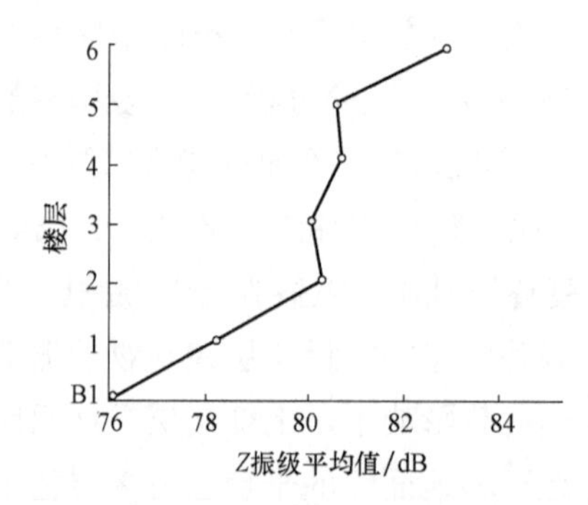

图 1.10 中低层建筑物竖向振动随楼层变化[49]

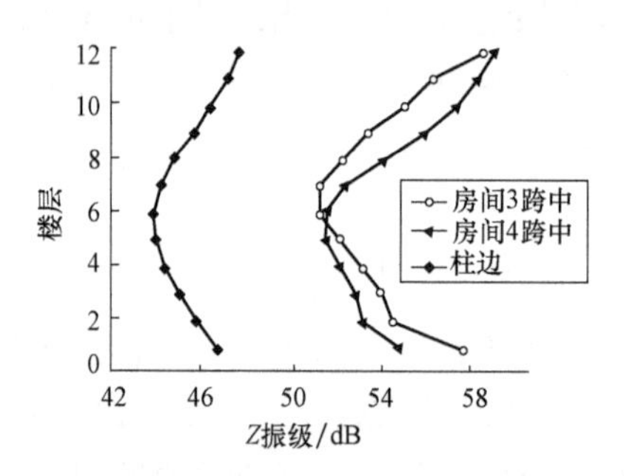

图 1.11 高层建筑物竖向振动随楼层变化[129]

综上，建筑物楼板竖向振动沿楼层的变化规律大致有两种：当楼层数量较少时，振动响应随楼层增大；当楼层数量较多时，振动响应随楼层先减小后增大。然而，通过上述研究可以发现，有些 12 层甚至 15 层的建筑物振动响应随楼层的变化仍然是单调递增的，但有时，仅 11 层的建筑物，其振动响应便已经呈现随楼层先减小后增大的规律。既有研究没有办法总结出一个统一的标准来直接判断某一建筑物的振动传递规律，这是由于不同建筑物的体量、楼层数、平面布置、基础型式、建筑材料等因素均会对振动传递规律产生影响[133]，而有些文献甚至发现列车的速度和类型也会影响建筑物中振动的传递规律。因此，需要对多种常见的建筑物工况的振动分频传递特性进行研究，从原理上解释上述文献中显现出的不同振动传递规律，并给出一个具有普适性的振动预测方法，来快速判断车辆段内各个上盖建筑的振动传递规律。

2. 从分频振级上看

随着楼层增加，高频振动呈衰减趋势。在曹艳梅等[57]、楼梦麟[50]、谢伟平[129]的研究中，分别针对振动的分频传递规律进行了研究，均得出高频振动随楼层增加衰减较快的规律。

袁葵[134]、谢伟平等[135]在对某车辆段试车线正上方的 8 层住宅建筑进行测试时发现，在 10～25 Hz 的低频范围，柱边和楼板测点的振动响应随楼层增大。何蕾等[136]对北京某车辆段咽喉区上盖三层框架结构的办公楼进行测试，发现 20 Hz 以下的低频振动随楼层有所放大，而 40 Hz 以上的高频振动随楼层衰减。冯青松等[76]在对双振源激励下上盖建筑振动特性进行研究时，得出在试车线激励下，20 层以下的楼板主频在 40～60 Hz 之间，而顶层楼板振动主频则在 20～40 Hz 之间。汪益敏等[137]在对咽喉区上盖 4 层钢框架建筑进行测试时，得出柱脚振动加速度级在 4～16 Hz 的低频范围随楼层变化差异不大，在 20～80 Hz 频段随楼层增加而减小。Tao 等[138]对楼板中心柱底点的振动加速度级进行对比，发现楼板中心振动加速度级可放大 10～20 dB。

1.3 本书内容和章节安排

本书的研究内容主要包括地铁车辆段振动测试、数值计算和传递特性三部分。其中，测试部分完整地介绍了地铁车辆段平台的测试方法并进行振动传播规律分析。数值模拟的内容分为两部分：第 1 部分采用传统有限元建模方法建立建筑物计算模型；第 2 部分则基于波、谱理论，分别从构件和结构的角度讨论框架式建筑物的数值计算模型。本书的最后一部分内容是针对大量框架式上盖建筑结构进行快速振动计算，并对其振动传递规律进行研究，以此针对目前研究中建筑物传递规律所存在的差异给出普适性解释。

结合上述研究内容，各章节具体安排如下：

第 1 章，分析了轨道交通引起的车辆段上盖建筑振动的特殊性以及面临的新问题；分别从车辆段上盖建筑振动测试研究、数值模拟方法以及建筑振动传递研究三个方面介绍了国内外针对建筑结构振动的研究现状。

第 2 章，以某典型地铁车辆段为例，介绍了车辆段振动现场测试，分析了运用库及其上盖平台、咽喉区及其上盖平台的振动特性。

第 3 章，结合第 2 章实测数据，系统介绍了地铁车辆段上盖建筑振动预测的有限元法，包括列车荷载的计算与模拟、车辆段运用库上盖建筑振动三维动力分析有限元模型。

第 4 章，将框架建筑物的基本承重结构拆解为柱、梁、板构件，针对梁/柱构件，以波动理论为基础，考虑梁/柱构件中的轴向波、弯曲波以及扭转波，推导梁/柱单元的动态形函数和动刚度矩阵，得到基于谱单元法的梁/柱单元模型，进而利用该模型进行由梁/柱构件组成的二维平面框架、三维空间框架结构的动力计算。

第 5 章，针对任意边界的矩形薄板构件，根据形函数叠加方法，将薄板构件分解为两个类一维的子问题，将有限条单元法与谱单元法相结合，推导板单元的形函数和动刚度矩阵，建立板构件的谱单元模型。

第 6 章，近似认为上盖建筑沿高度方向具有周期性，结合 Floquet 定理求解周期结构中的弹性波，进而通过波的叠加得到周期结构的振动计算模型。

第 7 章，将上盖建筑振动响应计算问题归结为典型跨的动力计算问题，采用周期性框架结构动力求解方法，着重考虑建筑物典型跨的跨度、楼层数量等因素进行分析工况设计，计算得到建筑物典型跨基底到任意楼层高度室内的响应传递函数数据库，并进行建筑结构振动传递特性研究和影响因素分析，同时将响应传递函数数据库应用于实际车辆段工程，实现上盖建筑室内振动响应的快速预测。

需要说明的是，从研究逻辑的角度，可以将研究分为科学性研究、技术性研究和工程性研究三个阶段，本书第 4～7 章的研究处于科学性研究的初级阶段。科学性研究阶段的目的是研究单一或组合因素对结论的影响，而不涉及结果实际准确度的校核。为了更有针对性地研究上盖建筑房间跨度、高度等因素对振动传递规律的影响，从而解释不同工况振动传递规律存在差异的原因，本书将数值模型进行了一系列的假设和简化，如将上盖建筑简化为等跨度结构；假设框架式住宅建筑沿高度方向近似呈周期性；模型中仅考虑梁、板、柱基本承重结构，而忽略隔断墙、门窗、楼梯等附属结构；假设建筑物各承重结构柱底所受激励为一致激励等。

第 2 章

行车引起的地铁车辆段振动响应现场测试

地铁车辆段行车产生的振动经由轨道、地基、立柱、平台等多系统传播衰减，最终传至上盖建筑。通过现场测试掌握各系统振动响应特征，有利于加强对车辆段上盖建筑振动问题的整体认知和规律把握，是开展地铁车辆段上盖建筑振动预测、评估与控制的前提和基础。本章将以某典型地铁车辆段为例，介绍车辆段振动现场测试及振动响应特征。

2.1 测 试 概 况

2.1.1 测试地铁车辆段概况

为实现土地集约化利用，测试地铁车辆段将车站、车辆基地以及大型房地产开发进行一体化设计，如图 2.1 所示。由于建设条件的需要，项目以平台为界，分为盖上盖下两个部分，平台以上为盖上部分，属于地上建筑开发项目，包括沿街商业楼、高层办公楼、酒店、住宅、汽车库等。平台以下为盖下部分，属于车辆段项目范围，包括停车列检库、联合检修库、工程车库、综合维修库、运用库等。测试地铁车辆段现场情况如图 2.2 所示，截至测试前车辆段已完成车辆段平台建设。

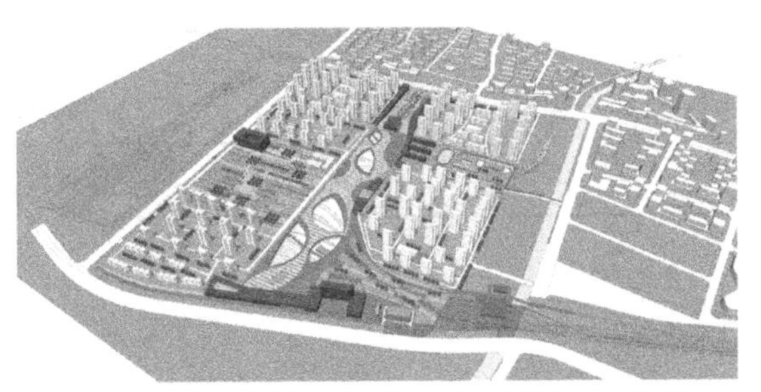

图 2.1　测试地铁车辆段上盖开发整体效果图

(a) 运用库

(b) 检修库

(c) 出入段线

(d) 咽喉区

图 2.2 测试地铁车辆段现场情况

2.1.2 测试设备

本次测试采用的主要设备见表 2.1，主要包括测试用的动态数据采集分析系统以及内装 IC 压电加速度传感器。

表 2.1 测试设备

名 称	型号或规格	用 途
动态数据采集分析系统	INV306（F）	数据采集
内装 IC 压电加速度传感器	941B	上盖平台地面振动加速度
	MN9828	立柱、地面振动加速度
	MN9822	轨枕振动加速度
	MN9824	钢轨振动加速度

2.1.3 测试条件

咽喉区钢轨为 50 轨，为有缝线路，道床类型为有砟道床，扣件类型为弹条 I 型，车辆类型为 6 节编组 B 型车，测试行车速度约为 18 km / h 。

运用库钢轨为 50 轨，为有缝线路，道床类型为检修坑，扣件类型为弹条 I 型，车辆类型为 6 节编组 B 型车，测试行车速度约为 5 km / h 。

2.2　分析评价依据和指标

2.2.1　测试依据及标准规范

（1）GB/T 10071—1988 城市区域环境振动测量方法；

（2）GB/T 13441.1—2007 机械振动与冲击　人体暴露于全身振动的评价　第 1 部分：一般要求；

（3）GB/T 14412—2005 机械振动与冲击—加速度计的机械安装；

（4）GB 3096—2008 声环境质量标准；

（5）GB 14892—2006 城市轨道交通列车噪声限值和测量方法。

2.2.2　地铁车辆段上盖建筑振动常用评价指标

1. 振动加速度级

振动加速度级 VAL(dB) 为：

$$\mathrm{VAL} = 20\lg(a / a_0) \tag{2.1}$$

式中：a——列车通过时的振动加速度有效值（m/s²）；

a_0——基准加速度，取 $a_0 = 10^{-6}\ \mathrm{m/s^2}$ 。

为保证振动加速度时域和频域分析的准确性和真实性，处理测试数据时，应舍弃因过失误差产生的可疑数据，对时域波形进行预检，去掉奇异项、零线飘移项、趋势项等。

2. Z 计权振动加速度级 VL_Z

《城市区域环境振动测量方法》（GB/T 10071—1988）采用的是 GB/T 13441—1992（ISO 2631/1—1985）铅垂向计权网络（以下简称 85 计权），修订中的《城市区域环境振动标准》拟采用 GB/T 13441.1—2007（ISO 2631/1—1997）铅垂向计权网络（以下简称 97 计权）。后文进行振动结果分析时，将给出两种计权网络的振动加速度级 VL_z 。

3. 分频最大振级

依据《城市轨道交通引起建筑物振动与二次辐射噪声限值及其测量方法标准》（JGJ/T 170—2009），按照 GB/T 13441.1—2007 铅垂向计权网络得到的 4～200 Hz 范围内 1/3 倍频程各中心频率的最大振级，即列车通过时的 VL_{zmax}。

2.3 测试断面与测点布置

从车辆段及上盖平台中选取四个代表性断面开展测试工作，如图 2.3 和表 2.2 所示，包括典型运用库库内测试断面 1 个、运用库上盖平台测试断面 1 个、咽喉区测试断面 1 个以及咽喉区上盖平台测试断面 1 个（咽喉区内含有道岔），分别测试列车经过时引起各断面的钢轨、轨枕、立柱（地面层和上盖平台层预留柱头）以及上盖平台表面的振动加速度。

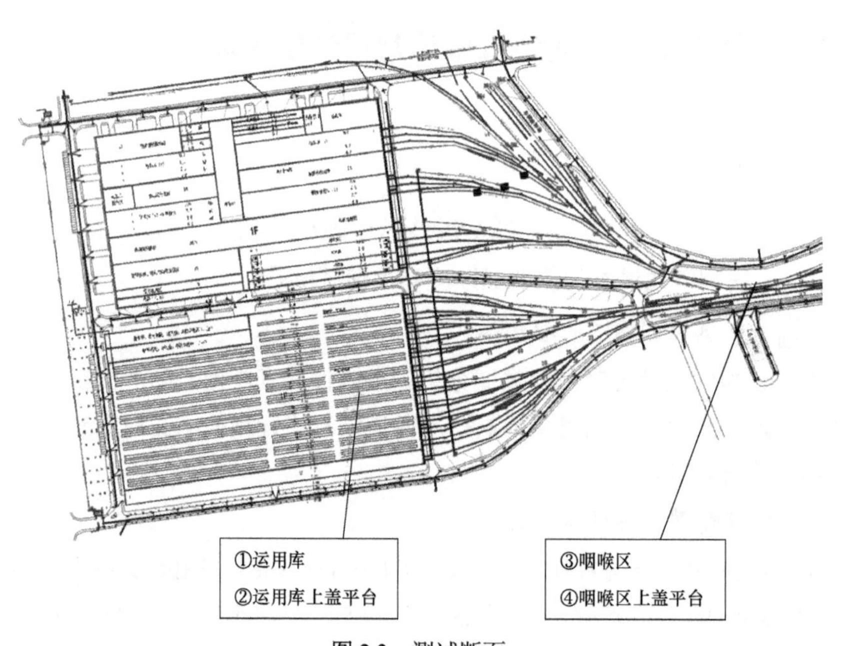

图 2.3　测试断面

表 2.2　测试断面基本情况

序号	断面位置	测点位置	道床类型	车速/（km/h）
①	运用库	钢轨、轨枕、地面立柱	检修柱	5
②	运用库上盖平台	上盖立柱、上盖平台表面	检修柱	5
③	咽喉区	钢轨、轨枕、地面立柱、轨旁地面	有砟	18
④	咽喉区上盖平台	上盖平台表面	有砟	18

运用库内测试共布置 4 个振动测点，分别为钢轨垂向振动加速度、轨枕垂向振动加速度及立柱垂、横向振动加速度，如图 2.4 所示。

(a) 测点整体布置情况

(b) 钢轨垂向

(c) 轨枕垂向

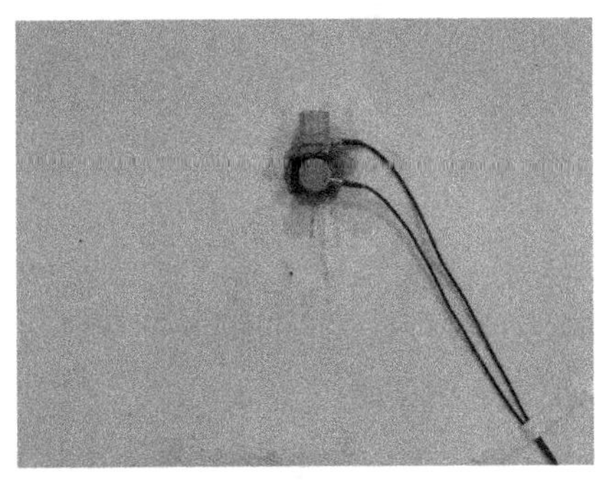

(d) 立柱垂、横向

图 2.4　运用库内振动测点布置情况

运用库上盖平台振动测试共布置 3 个振动测点，分别为立柱垂向振动加速度和平台表面垂、横向振动加速度，如图 2.5 所示。

(a) 立柱垂向

(b) 平台表面垂、横向

图 2.5　运用库上盖平台振动测点布置情况

咽喉区振动测试共布置 7 个振动测点，分别为钢轨及辙叉心垂向振动加速度，轨枕垂向振动加速度，立柱垂、横向振动加速度及轨旁地面垂、横向振动加速度，如图 2.6 所示。

(a) 辙叉心垂向

(b) 钢轨垂向

(c) 轨枕垂向

(d) 立柱垂、横向

(e) 轨旁地面垂、横向

图 2.6　咽喉区振动测点布置情况

咽喉区上盖平台振动测试共布置 2 个振动测点，分别为地面垂向及横向振动加速度，如图 2.7 所示。

图 2.7　咽喉区上盖平台测点布置图

2.4 测 试 结 果

2.4.1 典型时程与频谱

图 2.8～图 2.11 给出了代表性测点位置处振动加速度的典型时程，图 2.12～图 2.15 给出了各测点位置振动加速度的典型频谱。从典型时程和频谱曲线可以

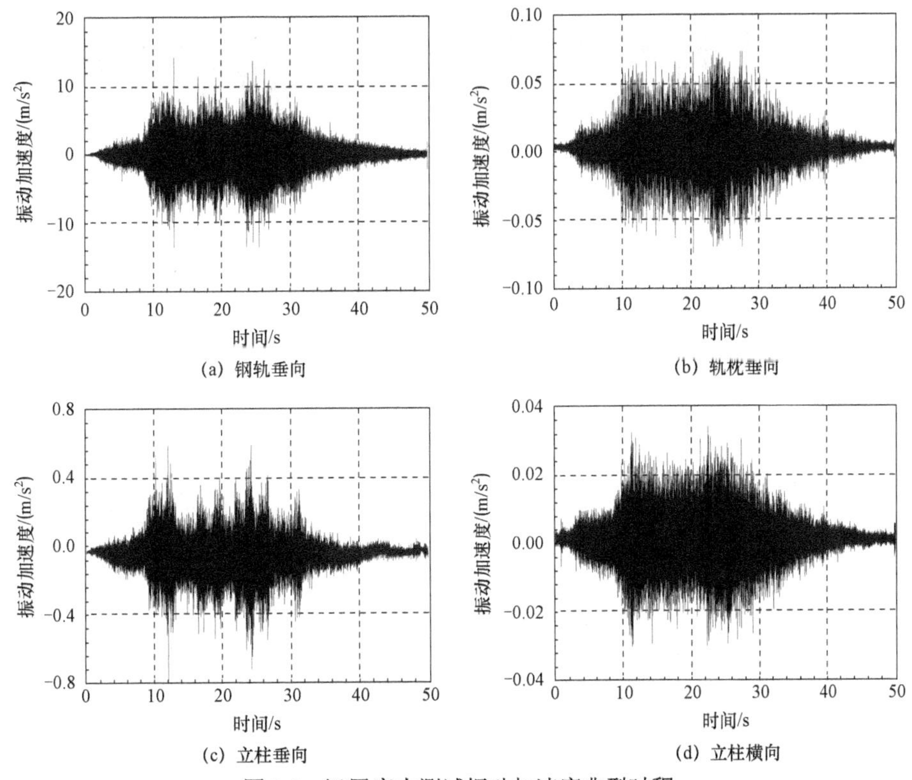

图 2.8　运用库内测试振动加速度典型时程

看出，随着振动历经多系统传播，幅值整体呈衰减态势。振动传至上盖平台，高频部分衰减较多，运用库上盖平台振动主要分布在 20～50 Hz 频段，咽喉区上盖平台振动主要分布在 30～70 Hz 频段。

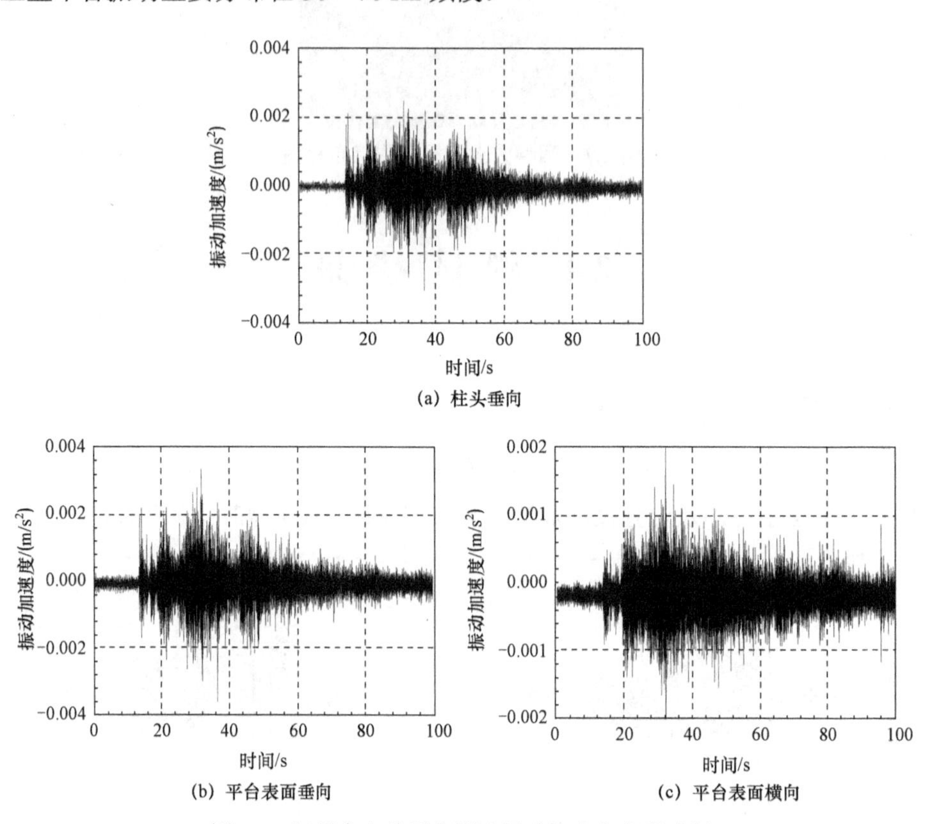

(a) 柱头垂向

(b) 平台表面垂向　　(c) 平台表面横向

图 2.9　运用库上盖平台测试振动加速度典型时程

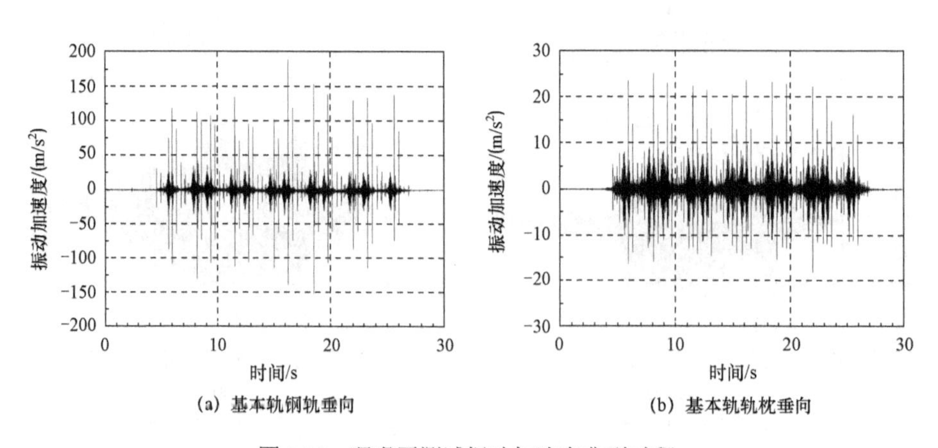

(a) 基本轨钢轨垂向　　(b) 基本轨轨枕垂向

图 2.10　咽喉区测试振动加速度典型时程

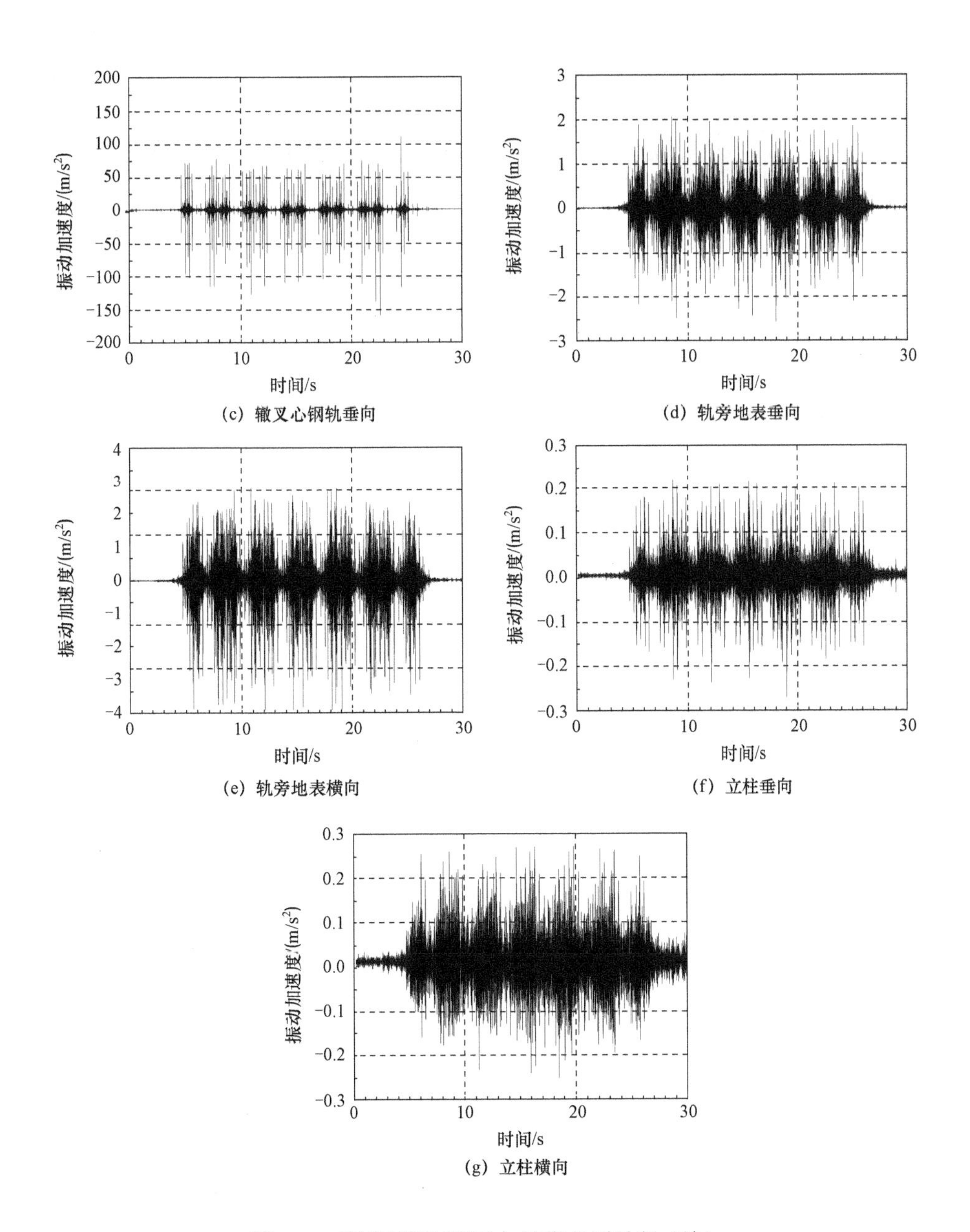

图 2.10　咽喉区测试振动加速度典型时程（续）

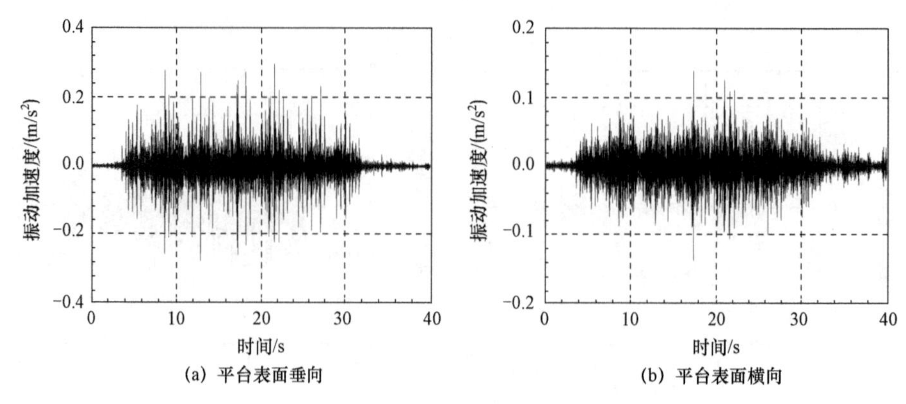

(a) 平台表面垂向　　(b) 平台表面横向

图 2.11　咽喉区上盖平台测试振动加速度典型时程

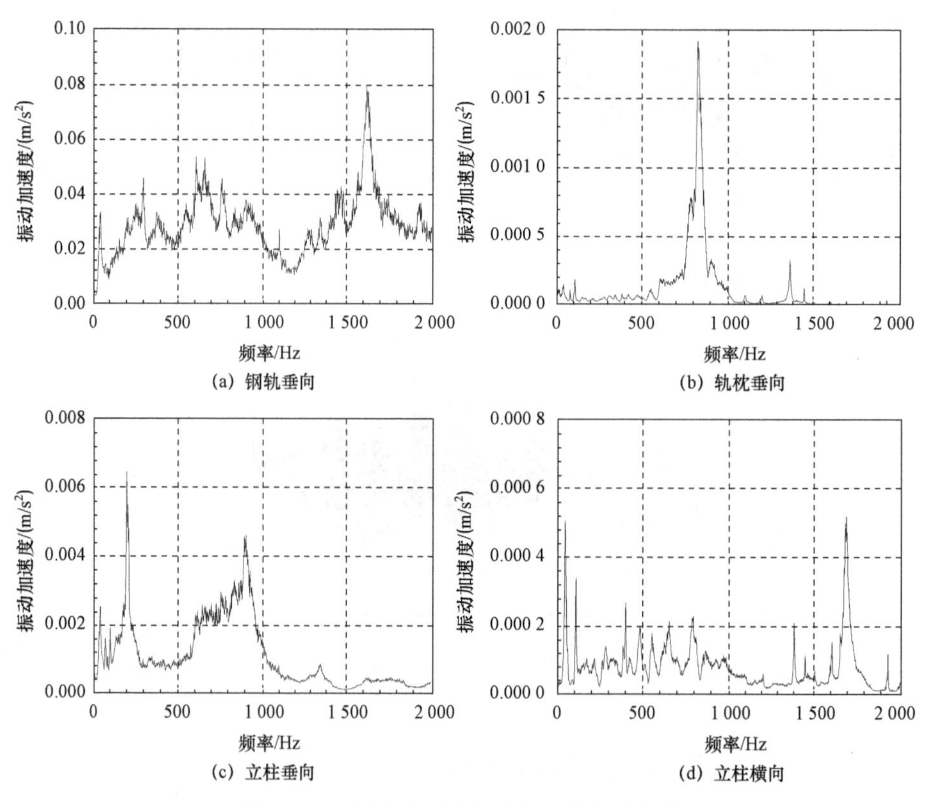

(a) 钢轨垂向　　(b) 轨枕垂向

(c) 立柱垂向　　(d) 立柱横向

图 2.12　运用库内测试振动加速度典型频谱

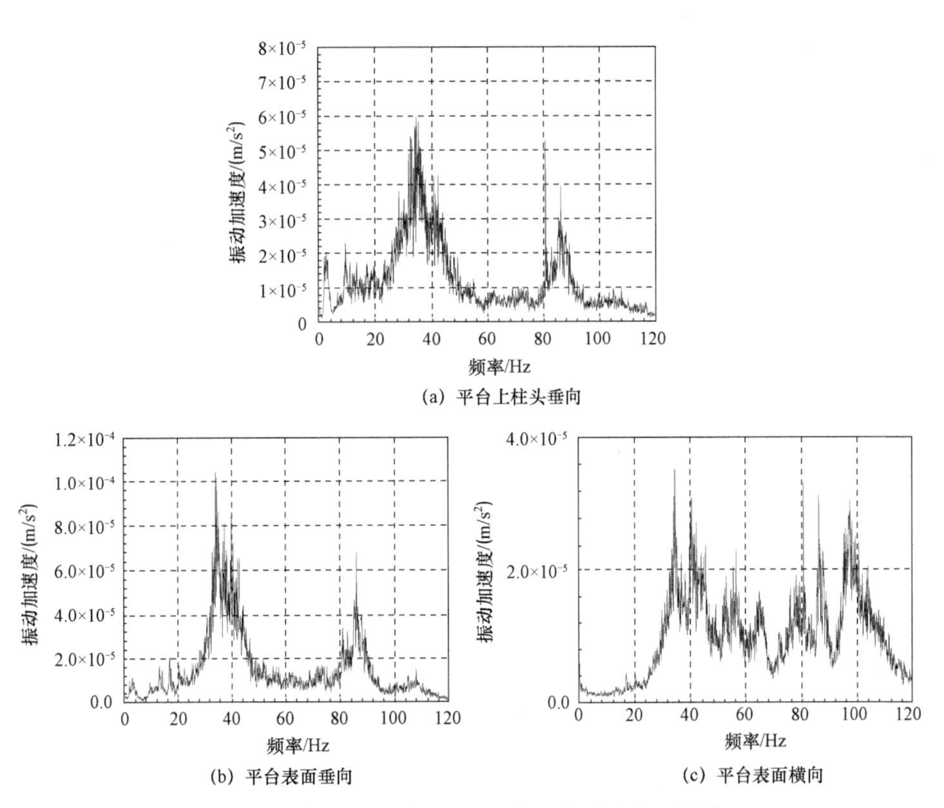

(a) 平台上柱头垂向

(b) 平台表面垂向　　(c) 平台表面横向

图 2.13　运用库上盖平台测试振动加速度典型频谱

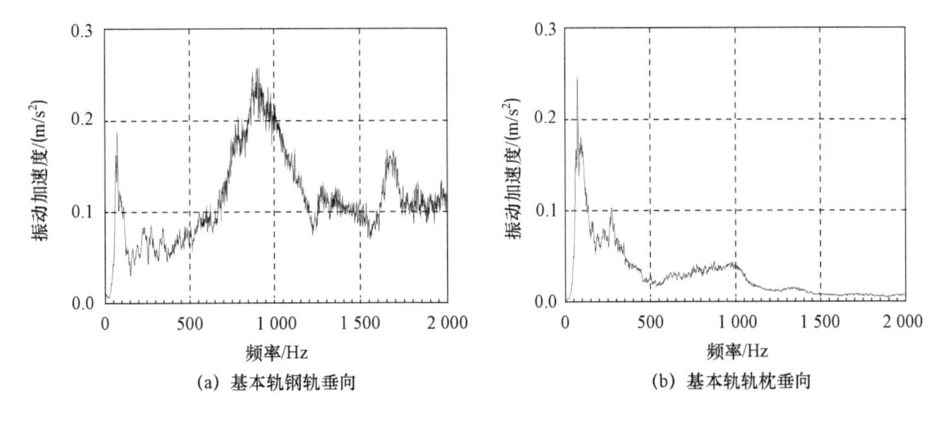

(a) 基本轨钢轨垂向　　(b) 基本轨轨枕垂向

图 2.14　咽喉区测试振动加速度典型频谱

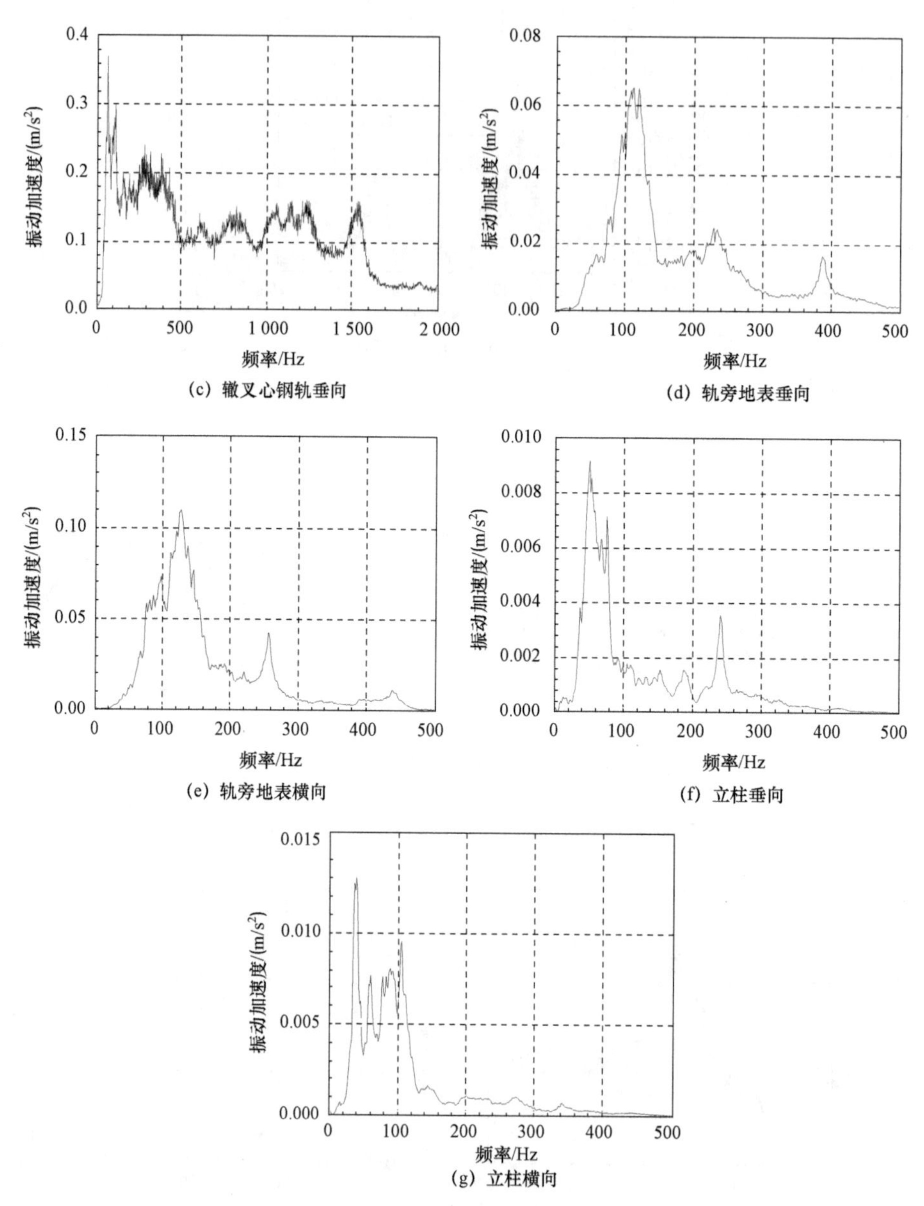

图 2.14 咽喉区测试振动加速度典型频谱（续）

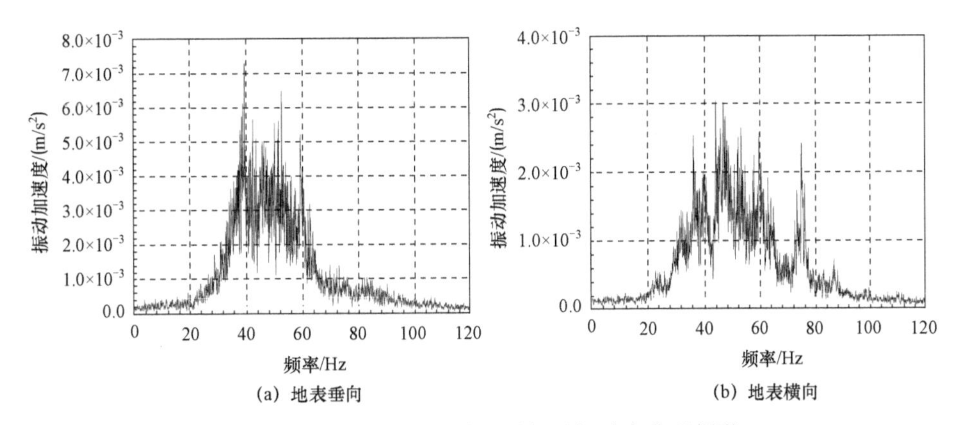

图 2.15　咽喉区上盖平台测试振动加速度典型频谱

2.4.2　振级分析

图 2.16～图 2.19 给出了代表性测点位置处振动加速度级，分别采用了 GB/T 13441—1992（ISO 2631/1—1985）铅垂向计权网络，以及 GB/T 13441.1—2007（ISO 2631/1—1997）铅垂向计权网络。从分频振级曲线可以看出，运用库上盖平台和咽喉区上盖平台振动能量分别集中在 31.5 Hz 和 40 Hz 附近的频段内。从 97 计权的结果分析可知，测试地铁车辆段运用库库内立柱垂向振动为 68 dB 左右、上盖平台垂向振动为 35～40 dB，咽喉区立柱垂向和轨旁地表垂向振动分别约为 70 dB 和 80 dB，咽喉区上盖平台表面垂向振动约为 75 dB。

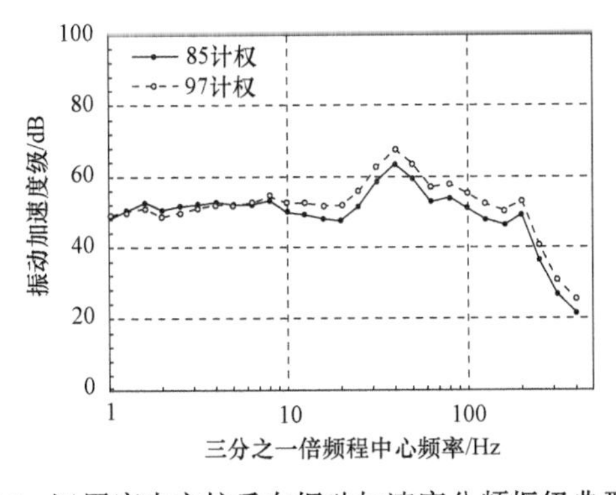

图 2.16　运用库内立柱垂向振动加速度分频振级典型曲线

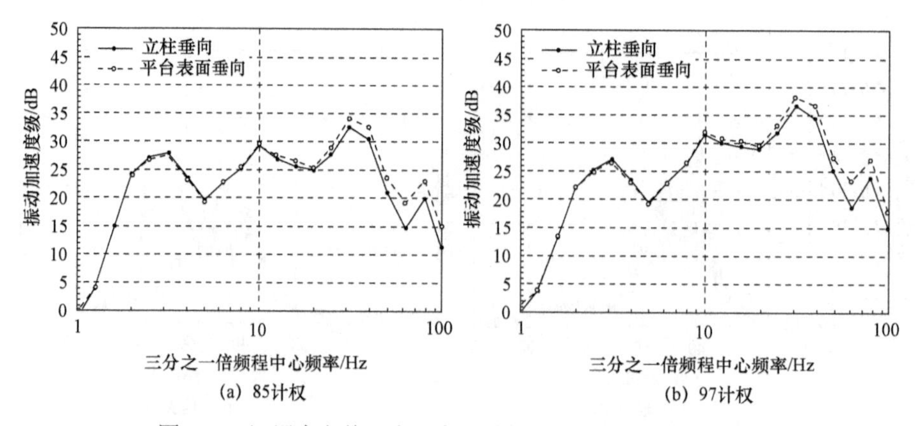

图 2.17 运用库上盖平台垂向振动加速度分频振级典型曲线

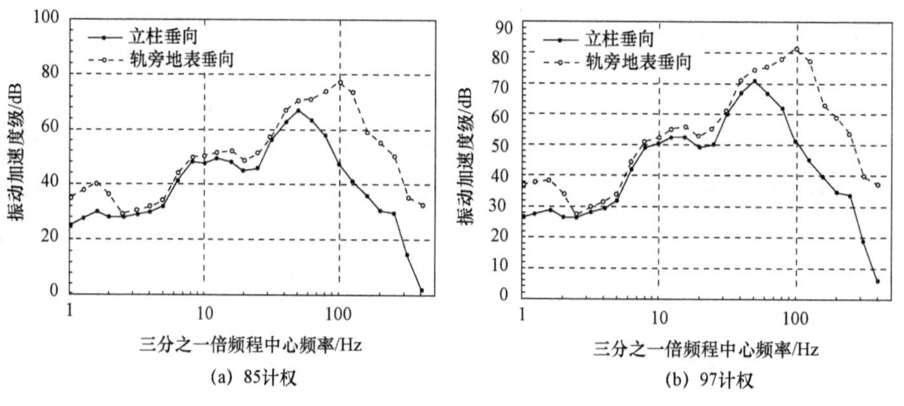

图 2.18 咽喉区垂向振动加速度分频振级典型曲线

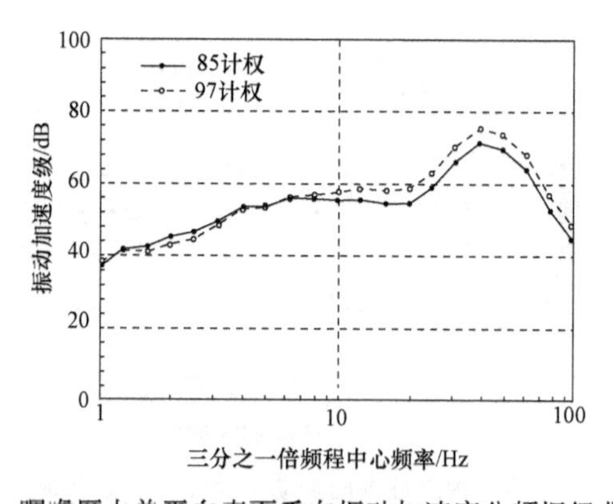

图 2.19 咽喉区上盖平台表面垂向振动加速度分频振级典型曲线

第 3 章

地铁车辆段上盖建筑振动预测有限元法

地铁车辆段列车运行引起上盖建筑振动是复杂的系统性问题，影响因素众多，通过现场测试可以从全局上认识车辆段上盖建筑振动问题，掌握振动特性和传播衰减规律。但现场测试常常受到实际场地条件的限制，因此采用数值分析方法进行车辆段振动研究就十分必要。有限元法凭借其在复杂结构仿真计算方面的优势在地铁车辆段上盖建筑振动预测中得到了广泛应用。本章将系统介绍地铁车辆段上盖建筑振动预测有限元法，并以第 2 章实测地铁车辆段运用库上盖开发工程实例为背景详细介绍建模过程。

3.1　列车荷载的计算

列车出入地铁车辆段引起上盖建筑振动由轮轨作用产生，经轨下基础、立柱、平台直接传播到建筑物，其中轮轨相互作用是振动的来源。列车荷载的准确输入是模拟地铁车辆段上盖建筑振动传播衰减问题的关键环节之一，本节将重点介绍列车荷载的计算。由于地铁车辆段内列车出入库存在加减速情况，为了准确模拟，本书采用基于实测加速度信息的数定荷载法[139]计算获得的轨道竖向激振力。

3.1.1　基本定理

列车引起的钢轨垂向振动具有随机特性，经小波分解和重构以后的钢轨加速度时程可以认为是一个具有零均值的各态历经的平稳高斯过程，因此可以将钢轨垂向振动加速度经傅里叶变换后用 Fourier 级数表示：

$$x(t)=\sum_{n=0}^{\infty}(A_n\cos n\varpi t+B_n\sin n\varpi t) \tag{3.1}$$

其中

$$A_n = \frac{2}{T}\int_0^T x(t)\cos n\varpi t(n=0,1,2,\cdots,N-1) \tag{3.2}$$

$$B_n = \frac{2}{T}\int_0^T x(t)\sin n\varpi t(n=0,1,2,\cdots,N-1) \tag{3.3}$$

T 为记录时长或截断时长。对钢轨竖向振动加速度波形进行离散采样，即将加速度波形离散成 N 个点后，有：

$$x(t) = \sum_{n=0}^{\frac{N}{2}-1}(A_n \cos n\varpi t + B_n \sin n\varpi t) \tag{3.4}$$

其中，Δt 为采样间隔，基频 $\varpi = \frac{2\pi}{T} = \frac{2\pi}{N\Delta t}$。

各次谐波的幅值可由傅里叶变化得到。

$$\begin{aligned} X_n &= \frac{1}{N}\sum_{k=0}^{N-1} x_k \exp(-\mathrm{j}\frac{2\pi kn}{N}) \\ &= \frac{1}{N}\sum_{k=0}^{N-1} x_k (\cos\frac{2\pi kn}{N} - \mathrm{j}\frac{2\pi kn}{N}) \\ &= \frac{1}{2}(A_n - \mathrm{j}B_n) \end{aligned} \tag{3.5}$$

式中：

$$A_n = \frac{2}{N}\sum_{k=0}^{N-1} x_k \cos\frac{2\pi kn}{N}(n=0,1,\cdots,N-1) \tag{3.6}$$

$$B_n = \frac{2}{N}\sum_{k=0}^{N-1} x_k \sin\frac{2\pi kn}{N}(n=0,1,\cdots,N-1) \tag{3.7}$$

或者

$$A_n = X_n + \bar{X}_n (n=0,1,\cdots,N-1) \tag{3.8}$$

$$B_n = \mathrm{j}(X_n - \bar{X}_n)(n=0,1,\cdots,N-1) \tag{3.9}$$

即

$$A_n = 2R_k(X_n)\ (n=0,1,\cdots,N-1) \tag{3.10}$$

$$B_n = -2l_m(X_n)\ (n=0,1,\cdots,N-1) \tag{3.11}$$

因此可以得到钢轨振动加速度波形的数定表达式为：

$$x(t)=\sum_{n=0}^{\frac{N}{2}-1}(A_n\cos n\varpi t+B_n\sin n\varpi t) \tag{3.12}$$

在进行地铁列车的环境振动影响分析时，主要考虑的是列车竖向振动，因此可以将列车简化为一系、二系弹簧质量系统模型的组合，并假设这个组合是沿纵向均匀分布的，可得如图 3.1 所示模型。

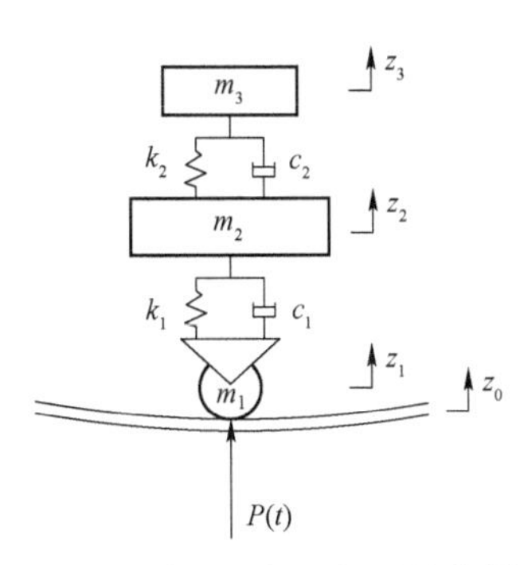

图 3.1 地铁列车竖向振动简化模型

利用直接平衡法建立车体竖向运动平衡方程为：

$$\begin{cases}m_3\ddot{z}_3+c_2(\dot{z}_3-\dot{z}_2)+k_2(z_3-z_2)=0\\ m_2\ddot{z}_2+c_1(\dot{z}_2-\dot{z}_1)+k_1(z_2-z_1)-k_2(z_3-z_2)-c_2(\dot{z}_3-\dot{z}_2)=0\end{cases} \tag{3.13}$$

设质量块之间的相对位移分别为$\xi_1=z_1-z_0$，$\xi_2=z_2-z_1$，$\xi_3=z_3-z_2$，式（3.13）可以改写为：

$$\begin{cases}m_3(\ddot{\xi}_1+\ddot{\xi}_2+\ddot{\xi}_3)+m_3\ddot{z}_0+c_2\dot{\xi}_3+k_2\xi_3=0\\ m_2(\ddot{\xi}_2+\ddot{\xi}_3)+m_2\ddot{z}_0+c_1\dot{\xi}_2+k_1\xi_2-k_2\xi_3-c_2\dot{\xi}_3=0\end{cases} \tag{3.14}$$

在列车行驶过程中，若忽略轮轨之间的弹跳作用，可以认为车轮的竖向振动加速度与实测的钢轨加速度相等，即

$$z_1(t)=z_0(t)=\sum_{n=0}^{\frac{N}{2}-1}(A_n\cos n\varpi t+B_n\sin n\varpi t) \tag{3.15}$$

相应地：

$$\xi_1=z_1-z_0=0 \tag{3.16}$$

其中 N 为采样点数。则方程组（3.14）变为：

$$\begin{cases} m_3(\ddot{\xi}_2+\ddot{\xi}_3)+c_2\dot{\xi}_3+k_2\xi_3=-m_3\sum_{n=0}^{\frac{N}{2}-1}(A_n\cos n\varpi t+B_n\sin n\varpi t) \\ m_2(\ddot{\xi}_2+\ddot{\xi}_3)+c_1\dot{\xi}_2+k_1\xi_2-k_2\xi_3-c_2\dot{\xi}_3=-m_2\sum_{n=0}^{\frac{N}{2}-1}(A_n\cos n\varpi t+B_n\sin n\varpi t) \end{cases} \tag{3.17}$$

根据 D'Alembert 原理，可得轮轨间的相互作用力为：

$$\begin{aligned} P(t) &= (m_1+m_2+m_3)g+m_1\ddot{z}_1+m_2\ddot{z}_2+m_3\ddot{z}_3 \\ &= (m_1+m_2+m_3)g+\begin{bmatrix} m_1 & m_2 & m_3 \end{bmatrix}\left(\begin{pmatrix}1\\1\\1\end{pmatrix}\ddot{z}_0+\begin{pmatrix}1&0&0\\1&1&0\\1&1&1\end{pmatrix}\begin{pmatrix}\ddot{\xi}_1\\\ddot{\xi}_2\\\ddot{\xi}_3\end{pmatrix}\right) \end{aligned} \tag{3.18}$$

沿纵向均匀分布的列车线荷载可按下式计算：

$$F(t)=K\bullet n\bullet M\bullet\frac{P(t)}{L} \tag{3.19}$$

式中，K 为修正系数，n 为每节车厢的转向架数，M 为列车车厢数，L 为列车长度。

根据地铁车辆参数，当 K=1 时，即可利用式（3.18）计算得到施加在轨道上的轮轨力，利用式（3.19）计算得到列车线荷载。

3.1.2 实测钢轨振动加速度

为了得到车辆段运用库的计算数定列车荷载，在钢轨上布置测点测试钢轨加速度，如图 3.2 所示。测试得到钢轨的振动加速度典型时程与频谱如图 3.3 所示。

图 3.2 钢轨振动加速度现场测试

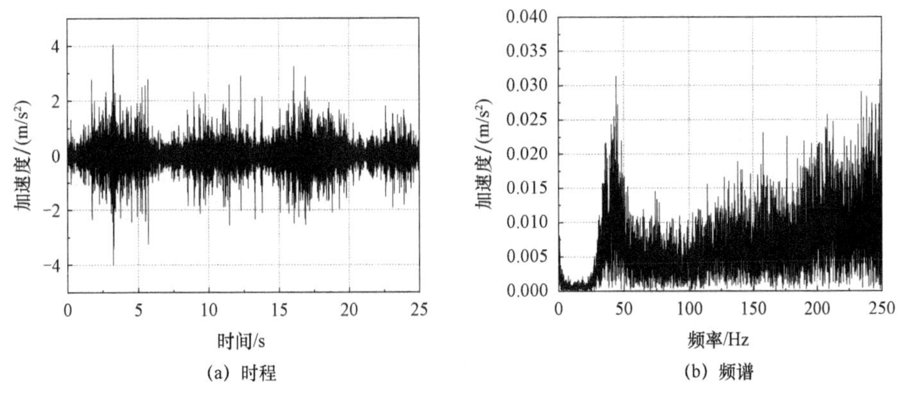

图 3.3　钢轨振动加速度典型时程与频谱

3.1.3　列车荷载计算

根据所测地铁车辆段运用库内钢轨加速度时程数据，通过上述实测荷载数定法获得本次建模所需要的列车荷载。计算列车荷载时采用的地铁 B 型车参数见表 3.1。

表 3.1　地铁车辆计算参数

参数	参数值	参数	参数值
满载车体质量 M/t	43.0	转向架弹簧系数 k_T/（kN/m）	2 080
车体质量贯性矩 J/（t • m²）	1 700	转向架阻尼系数 C_T/（kN • s/m）	240
转向架质量 M/t	3.60	轮对弹簧系数/（kN/m）	2 450
转向架质量贯性矩 J/（t • m²）	9.62	轮对阻尼系数/（kN • s/m）	240
车长 L/m	19.52	车辆定距 l/m	12.66
轴距 a/m	2.30	轮对质量 m_w/t	1.70

根据以往既有测试成果，对于普通轨道，地铁列车引起的地表振动响应主频范围为 40～70 Hz，土层对 100 Hz 以上部分的振动能量有较大的衰减。实际上只要反映出 100 Hz 以下频段的地表振动响应规律即可满足需要。而实际计算时，截取列车振动荷载谱 250 Hz 以内的荷载成分进行预测分析，得到的荷载如图 3.4 所示。

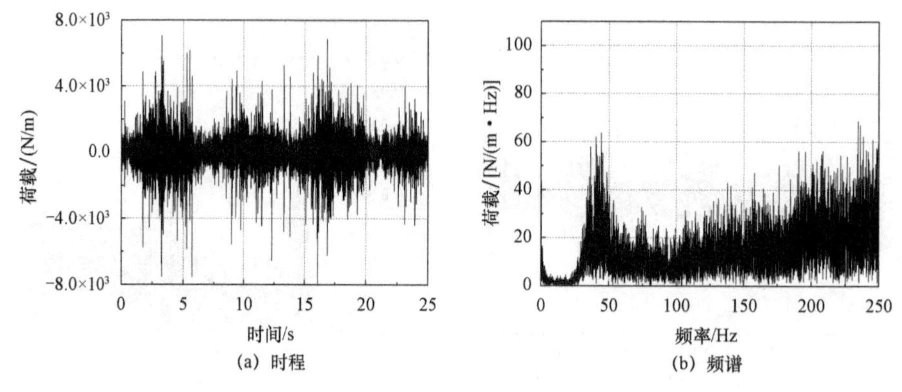

(a) 时程　(b) 频谱

图 3.4　数定列车荷载

3.2　车辆段运用库上盖建筑振动三维动力分析有限元模型

采用“轨道–轨下基础–车辆段结构–车辆段上盖平台–车辆段上盖建筑”三维动力有限元模型模拟复杂的三维空间体系，如图 3.5 所示。通过输入 3.1 节中计算得到的数定列车荷载，分析列车运行引起的上盖建筑室内的动力响应。

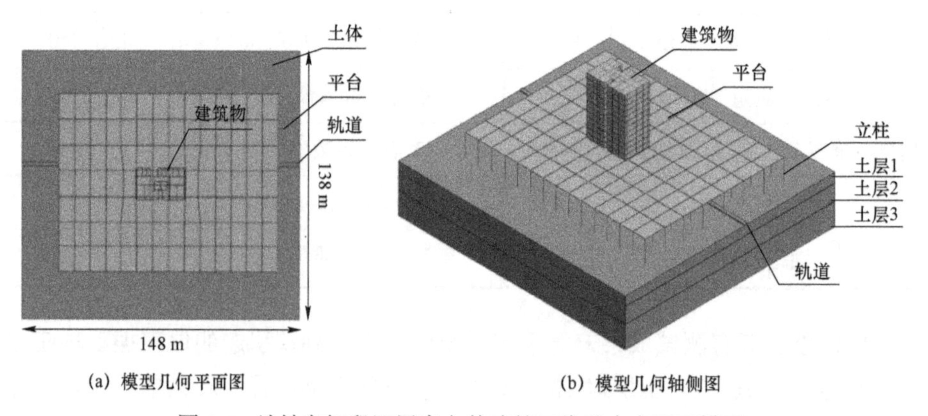

(a) 模型几何平面图　(b) 模型几何轴侧图

图 3.5　地铁车辆段运用库上盖建筑三维动力有限元模型

根据地勘报告中提供的地层参数，在对相近地质条件地层进行整合简化后，确定得到有限元模型中设定的土层各层厚度和参数如表 3.2 所示。

表3.2　土层动参数

土层	深度/m	密度/（kg/m³）	泊松比	动弹模/MPa
1	6	1 920	0.4	97.5
2	10	2 030	0.3	209.7
3	14	1 970	0.3	625.1

工程地基为湿法水泥深层搅拌桩复合地基，桩径为700 mm（搭接长度200 mm，桩沿轨道方向间距1 500 mm），如图3.6所示。仿真模型中参照《复合地基技术规范》（GB/T 50783—2012），按照波速等效原理，通过土层弹模等效实现对复合地基的模拟。水泥搅拌桩采用强度等级42.5级以上的普通硅酸盐水泥。工程要求先清除坑底淤积层淤泥，回填素土至搅拌桩施工标高处，回填土的压实系数不小于0.94，要求地基承载力不小于100 kPa。根据《复合地基技术规范》（GB/T 50783—2012）中的公式可计算经复合地基处理后的土层压缩模量，并根据动弹性模量与压缩模量之间的关系计算最终的动弹性模量。复合土体的压缩模量表示为：

$$E_{\mathrm{sp}_i}=mE_{\mathrm{p}_i}+(1-m)E_{\mathrm{s}_i} \tag{3.20}$$

其中，E_{sp_i}为第i层复合土体的压缩模量，m为复合地基置换率，E_{p_i}为第i层桩体压缩模量，E_{s_i}为第i层桩间土压缩模量（kPa），宜按当地经验取值。经计算m=0.297，桩体压缩模量为42.5 MPa，根据钻孔柱状图的数据可得层间土压缩模量为3.5 MPa，计算得复合土体的压缩模量为15 MPa，估算其动弹性模量约为150 MPa。

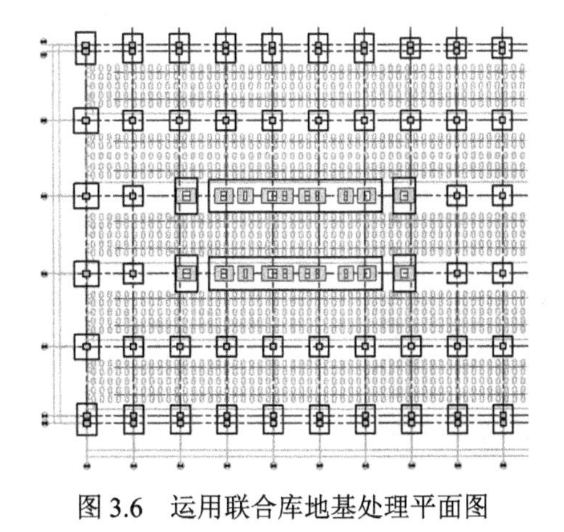

图3.6　运用联合库地基处理平面图

根据设计资料，道床、运用库及建筑结构参数如下：

（1）道床

道床为预制整体式道床，采用 C40 混凝土，动弹性模量取为 35 GPa，密度取为 2 700 kg/m^3，泊松比取为 0.2。

（2）运用库

运用库由梁板柱构成，其中上盖平台、立柱以及主梁的混凝土标号为C40，动弹性模量取为 35 GPa，密度取为 2 700 kg/m^3，泊松比取为 0.2。上盖平台 0.3 m 厚，矩形立柱截面尺寸为 0.1 m×0.1 m，立柱为回字形截面，主梁截面尺寸为 1.5 m×0.8 m。

（3）建筑结构

建筑为高层剪力墙结构住宅，住宅层数为 12 层，层高 2.9 m。墙板混凝土标号为 C40，动弹性模量取为 35 GPa，密度取为 2 700 kg/m^3，泊松比取为 0.2，墙板和地板厚度均为 0.2 m。

模型中，土层采用实体单元模拟，上盖平台及楼板、楼墙采用板单元模拟，平台梁、柱以及桩基础采用梁单元模拟。模型长 148 m，宽 138 m，节点数为 38.9 万，单元数为 69.7 万，划分网格后的模型整体和各个细部构造如图 3.7 所示。模型在地层网格划分中预留了轨道线路，按照质量等效方法，把立柱式轨

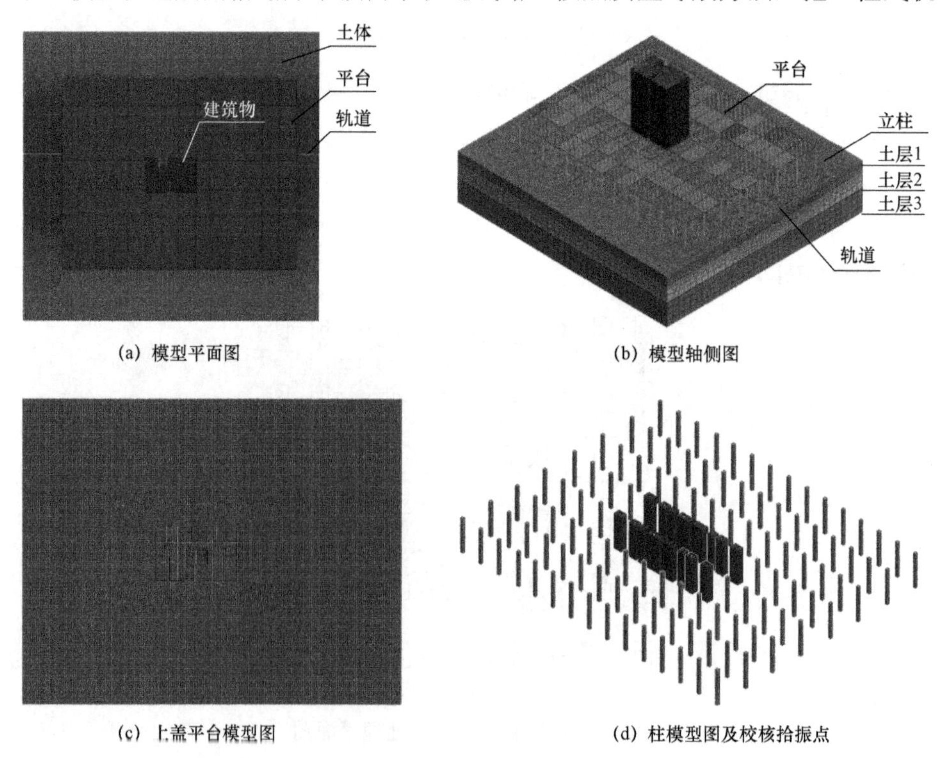

(a) 模型平面图　(b) 模型轴侧图

(c) 上盖平台模型图　(d) 柱模型图及校核拾振点

图 3.7　所测地铁车辆段运用库上盖建筑动力有限元模型示意图（含网格）

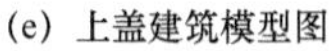

(e) 上盖建筑模型图

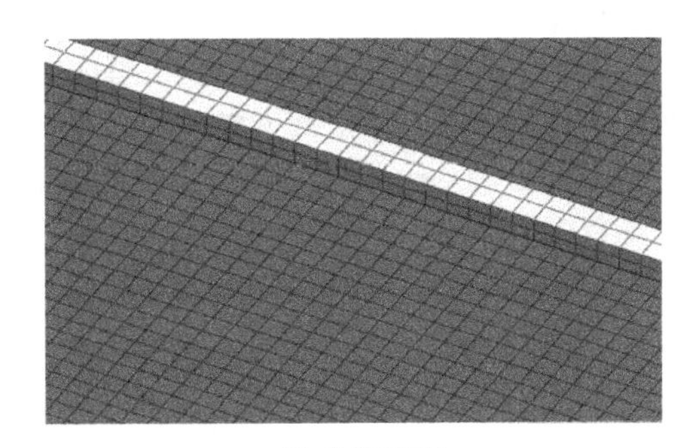

(f) 轨道模型图

图 3.7　所测地铁车辆段运用库上盖建筑动力有限元模型示意图（含网格）（续）

道等效为实体轨道梁，把作用于立柱式轨道柱顶的扣件支反力施加在等效轨道梁对应位置处，这样可以将上文中计算得到的列车振动荷载施加在响应位置，以模拟列车运行所产生的振动对车辆段上盖建筑物的影响。

采用有限元法模拟空间的振动问题时，截断边界上会产生反射，使得计算失真。为了避免产生影响，在计算模型边界处设置弹簧阻尼吸收边界。弹簧刚度系数采用地基反力系数。阻尼系数可表示为：

法向边界：

$$C_{fi} = \rho_i c_{\mathrm{pi}} A_i \tag{3.21}$$

切向边界：

$$C_{qi} = \rho_i c_{\mathrm{si}} A_i \tag{3.22}$$

式中，c_{pi}，c_{si} 分别为压缩波和剪切波的单位面积阻尼常数；A_i 为边界点 i 所代表的面积。

单位面积阻尼常数 c_{pi} 和 c_{si} 按下式计算：

$$c_{\mathrm{pi}} = \rho_i \sqrt{\frac{\lambda + 2G}{\rho_i}},\ c_{\mathrm{si}} = \rho_i \sqrt{\frac{G}{\rho_i}} \tag{3.23}$$

其中

$$\lambda = \frac{\nu E}{(1+\nu)(1-2\nu)},\quad G = \frac{E}{2(1+\nu)}$$

式中，$x(t) = \sum_{n=0}^{\infty}(A_n \cos n\varpi t + B_n \sin n\varpi t)$，$\rho$为材料的密度；$E$ 为弹性模量；

ν为泊松比。

在计算列车荷载动力响应的模型中，采用 Rayleigh 线性组合法计算阻尼矩阵。假定体系的阻尼矩阵为质量矩阵和刚度矩阵的线性组合：

$$[C]=\alpha[M]+\beta[K] \tag{3.24}$$

瑞利阻尼常数 α 和 β 的表达式为：

$$\alpha=\frac{4\pi f_i f_k}{f_i+f_k}\xi,\quad \beta=\frac{1}{\pi(f_i+f_k)}\xi \tag{3.25}$$

式中：ξ 为模型的阻尼比，f_i、f_k 为分析中模型的两个振动频率，本模型的振动频率选为 1 Hz 和 100 Hz。

3.3 模型校准

由于测试车辆段仅完成了上盖平台开发，尚未完成上盖建筑开发，为验证模型的有效性，删除平台之上建筑模型，保留平台及以下部分模型，使计算工况与实测工况保持相同边界条件。通过施加上述求得的列车荷载，将列车运行引起的运用库立柱实测点处的振动加速度时程和三分之一倍频程实测值与将该点作为拾振点的振动加速度时程和三分之一倍频程计算值进行对比。振动响应测试测点布置在车辆段运用库立柱上，其相对位置关系如图 3.8 所示，测试现场如图 3.9 所示。

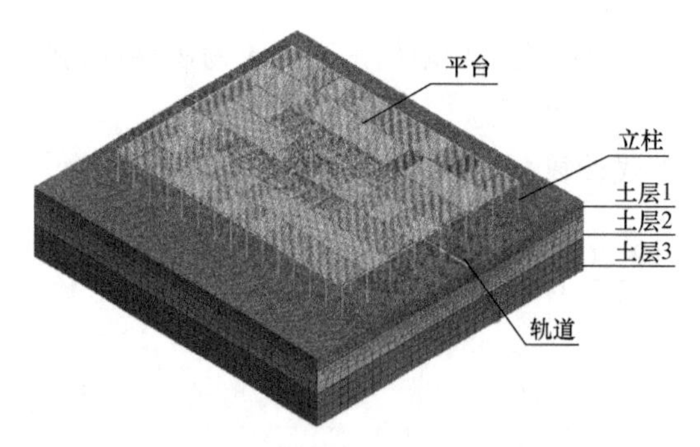

图 3.8 所测地铁车辆段运用库－地层－上盖平台有限元模型

图 3.9 校核点位测试现场情况

选取运用库立柱测点，对比分析列车运行引起的振动加速度的实测值和计算值，如图 3.10 所示，可以发现模型计算结果与实测响应趋势吻合，分频差值参考表 3.3，模型具有较好的准确度。

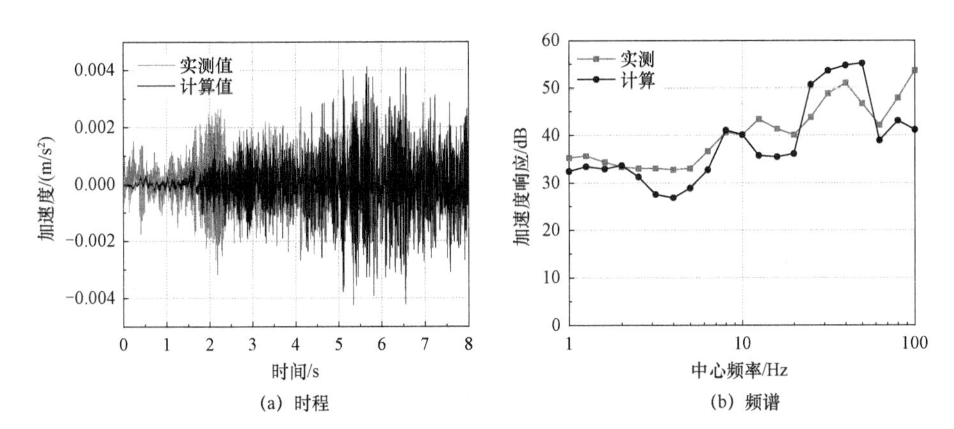

(a) 时程　　(b) 频谱

图 3.10　运用库立柱测点实测及模拟振动响应对比

表 3.3　模型计算结果与实测响应差值

中心频率/Hz	1	1.25	1.6	2	2.5	3.15	4
响应差值/dB	−2.838 1	−2.247 2	−1.390 1	0.279 8	−1.767 0	−5.500 1	−5.922 6
中心频率/Hz	5	6.3	8	10	12.5	16	20
响应差值/dB	−4.135 4	−3.902	0.403 1	0.007 3	−7.651 4	−5.874 8	−3.961 9
中心频率/Hz	25	31.5	40	50	63	80	
响应差值/dB	6.868 9	4.823 6	3.718 4	8.458 3	−3.23	−4.765 5	

3.4　振动传播规律和对建筑物的振动影响分析

本章前 3 节介绍了数值模拟采用的列车荷载与模型，本节将对地铁车辆段运用库上盖建筑的振动响应计算结果进行分析。对上盖建筑中每层选择 13 个房间进行分析，编号为 a～m，如图 3.11 所示。本书根据规范《城市区域环境振动标准》（GB 10070—1988）、《城市轨道交通引起建筑物振动与二次辐射噪声限值及其测量方法标准》（JGJ/T 170—2009）和《住宅建筑室内振动限值及其测量方法标准》（GB/T 50355—2018）所规定的限值，采用室内振动响应的三分之一倍频程、分频最大振级以及最大 Z 振级进行评价。

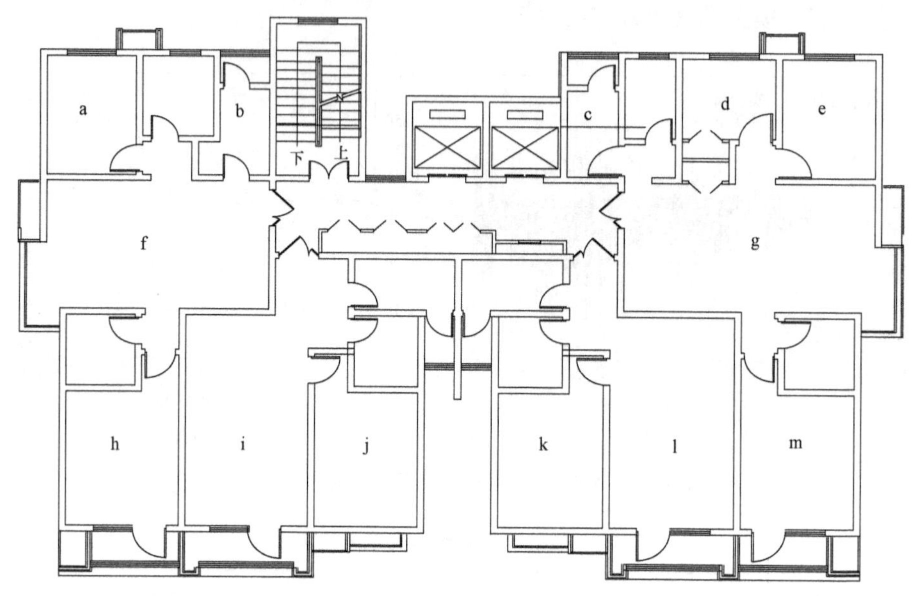

图 3.11 车辆段运用库上盖建筑平面图（含各层各房间编号）

3.4.1 模态分析

建筑结构的自振频率为结构的固有属性，与结构的刚度和质量有关，分别对建筑模型和车辆段上盖平台–建筑模型进行模态分析，得到前 100 阶自振频率，如表 3.4 所示。建筑模型的第 1 阶模态（y 方向倾斜和绕 x 轴弯曲，见图 3.12）出现于 4.83 Hz。该建筑物在大约 f=20 Hz（总第 7 阶模态）时出现第 1 阶以竖向变形为主的模态（第 1 竖向模态），如图 3.13 所示，可以看出，该模态中各层楼板的竖向变形明显。在第一阶竖向模态频率处，该建筑的 f、g、h、j、m 房间楼板变形较大，并且随着楼层增加，楼板的竖向变形越来越大。

表 3.4 建筑模型模态结果

阶数	1	2	3	4	5	6	7	8	9	10
频率/Hz	4.83	5.72	7.81	16.64	17.14	17.38	19.98	22.19	27.50	28.70
阶数	11	12	13	14	15	16	17	18	19	20
频率/Hz	28.82	29.34	29.92	30.05	30.22	30.34	30.37	30.74	30.83	31.19

续表

阶数	21	22	23	24	25	26	27	28	29	30
频率/Hz	31.22	31.22	31.23	31.26	31.30	31.32	31.36	31.39	31.40	31.41
阶数	31	32	33	34	35	36	37	38	39	40
频率/Hz	31.42	31.44	31.62	31.65	31.86	32.10	32.15	32.28	32.53	32.57
阶数	41	42	43	44	45	46	47	48	49	50
频率/Hz	32.61	32.64	32.66	32.68	32.71	32.73	32.77	32.79	32.81	32.86
阶数	51	52	53	54	55	56	57	58	59	60
频率/Hz	32.88	32.98	33.04	33.08	33.18	33.22	33.32	33.38	33.42	33.50
阶数	61	62	63	64	65	66	67	68	69	70
频率/Hz	33.82	33.86	34.04	34.29	34.56	34.63	34.81	34.92	35.07	35.14
阶数	71	72	73	74	75	76	77	78	79	80
频率/Hz	35.23	35.34	35.41	35.43	36.26	36.46	37.05	37.68	38.07	38.18
阶数	81	82	83	84	85	86	87	88	89	90
频率/Hz	38.81	39.48	39.66	40.13	40.46	40.66	41.01	41.19	41.32	41.48
阶数	91	92	93	94	95	96	97	98	99	100
频率/Hz	41.58	41.65	41.74	41.87	42.02	42.17	42.29	42.37	42.45	42.51

图 3.12　上盖建筑模型第 1 阶模态

图 3.13　建筑模型第 1 阶竖向模态（总第 7 阶）

上盖综合体模态计算结果如表 3.5 所示，模型的第 1 阶模态（扭转）出现于 1.73 Hz，如图 3.14 所示，大约在 f=6.3 Hz（总第 6 阶模态）处，上盖平台出现竖向变形，如图 3.15 所示。该案例中，上盖平台的竖向模态频率较建筑的竖向模态频率低。

表 3.5　上盖综合体模态计算结果

阶数	1	2	3	4	5	6	7	8	9	10
频率/Hz	1.73	2.57	3.12	4.09	4.63	6.24	6.28	6.51	6.63	6.7
阶数	11	12	13	14	15	16	17	18	19	20
频率/Hz	6.78	6.9	6.97	7.01	7.04	7.11	7.14	7.29	7.33	7.5
阶数	21	22	23	24	25	26	27	28	29	30
频率/Hz	7.6	7.7	7.8	7.81	7.87	7.92	8.1	8.13	8.21	8.22
阶数	31	32	33	34	35	36	37	38	39	40
频率/Hz	8.31	8.35	8.4	8.45	8.48	8.54	8.59	8.62	8.68	8.78
阶数	41	42	43	44	45	46	47	48	49	50
频率/Hz	8.8	8.89	8.93	9.02	9.03	9.09	9.09	9.15	9.17	9.21
阶数	51	52	53	54	55	56	57	58	59	60
频率/Hz	9.28	9.37	9.42	9.44	9.45	9.54	9.58	9.69	9.71	9.8
阶数	61	62	63	64	65	66	67	68	69	70
频率/Hz	9.82	9.84	9.85	9.91	9.99	10	10	10	10.1	10.1
阶数	71	72	73	74	75	76	77	78	79	80
频率/Hz	10.2	10.2	10.2	10.3	10.3	10.4	10.4	10.5	10.5	10.5
阶数	81	82	83	84	85	86	87	88	89	90
频率/Hz	10.6	10.6	10.7	10.7	10.7	10.8	10.8	10.9	10.9	10.9
阶数	91	92	93	94	95	96	97	98	99	100
频率/Hz	11	11.1	11.1	11.2	11.2	11.3	11.3	11.4	11.4	11.5

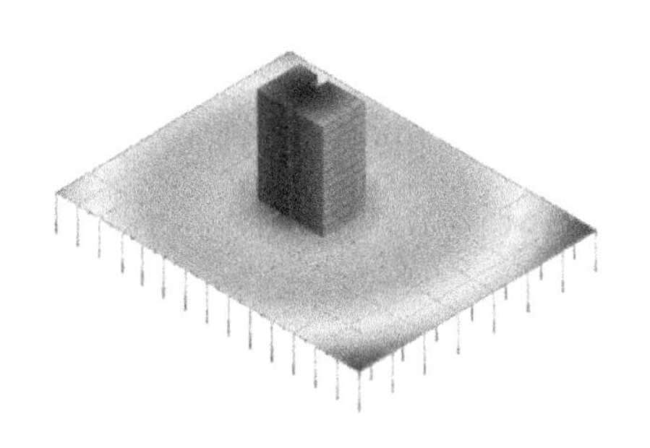

图 3.14　上盖综合体模型第 1 阶模态

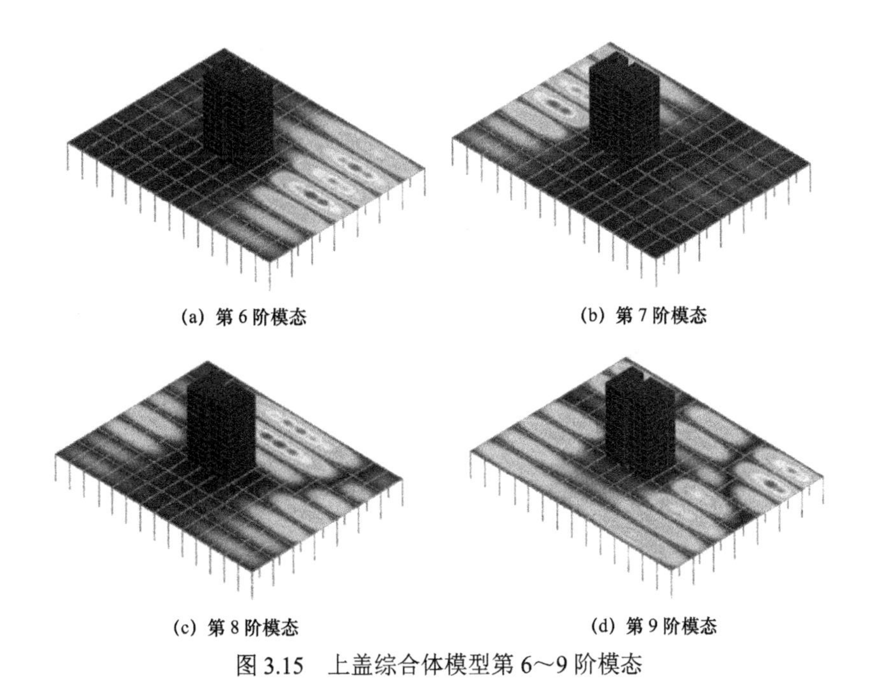

(a) 第 6 阶模态　(b) 第 7 阶模态

(c) 第 8 阶模态　(d) 第 9 阶模态

图 3.15　上盖综合体模型第 6～9 阶模态

3.4.2　三分之一倍频程分析

三分之一倍频程谱能够很好地体现振动加速度频率带宽的能量分布情况，同时也是规范《住宅建筑室内振动限值及其测量方法标准》（GB/T 50355—2018）用于分频评价住宅建筑室内振动响应时采用的方法。将所有楼层各房间楼板中心位置处振动加速度的三分之一倍频程计算结果与《住宅建筑室内振动限值及其测量方法标准》的四条限值曲线绘制于一张图内进行对比分析（见图 3.16），这 4 条曲线分别对应昼间、夜间的一级限值和二级限值。绘制每一层楼各个房间内楼板振动响应的三分之一倍频程峰值，即最大加速度级的箱型图，如图 3.17 所示，可以同时反映出建筑各层最大加速度级的最大值、最小值和平均值。

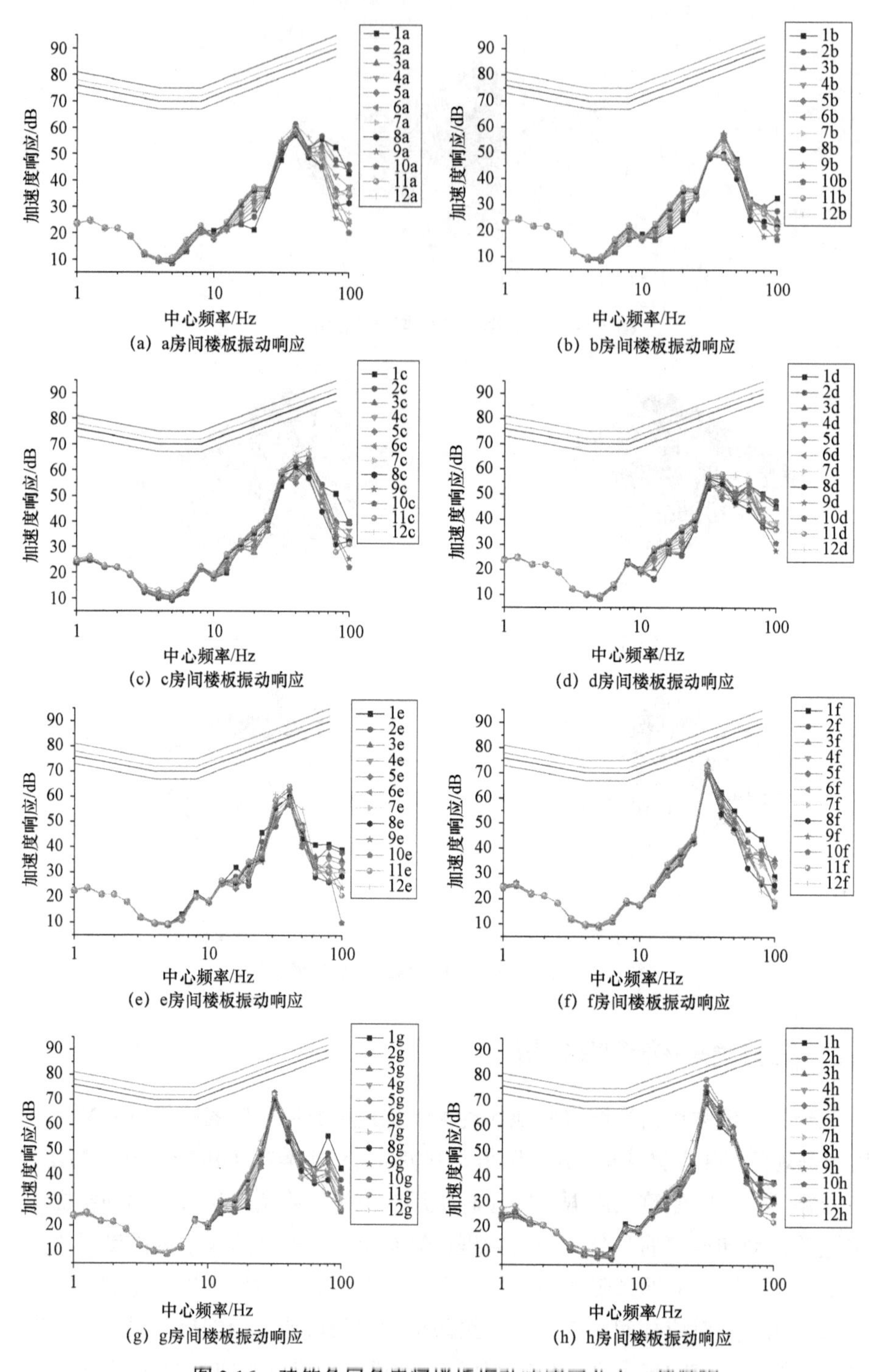

(a) a房间楼板振动响应

(b) b房间楼板振动响应

(c) c房间楼板振动响应

(d) d房间楼板振动响应

(e) e房间楼板振动响应

(f) f房间楼板振动响应

(g) g房间楼板振动响应

(h) h房间楼板振动响应

图 3.16 建筑各层各房间楼板振动响应三分之一倍频程

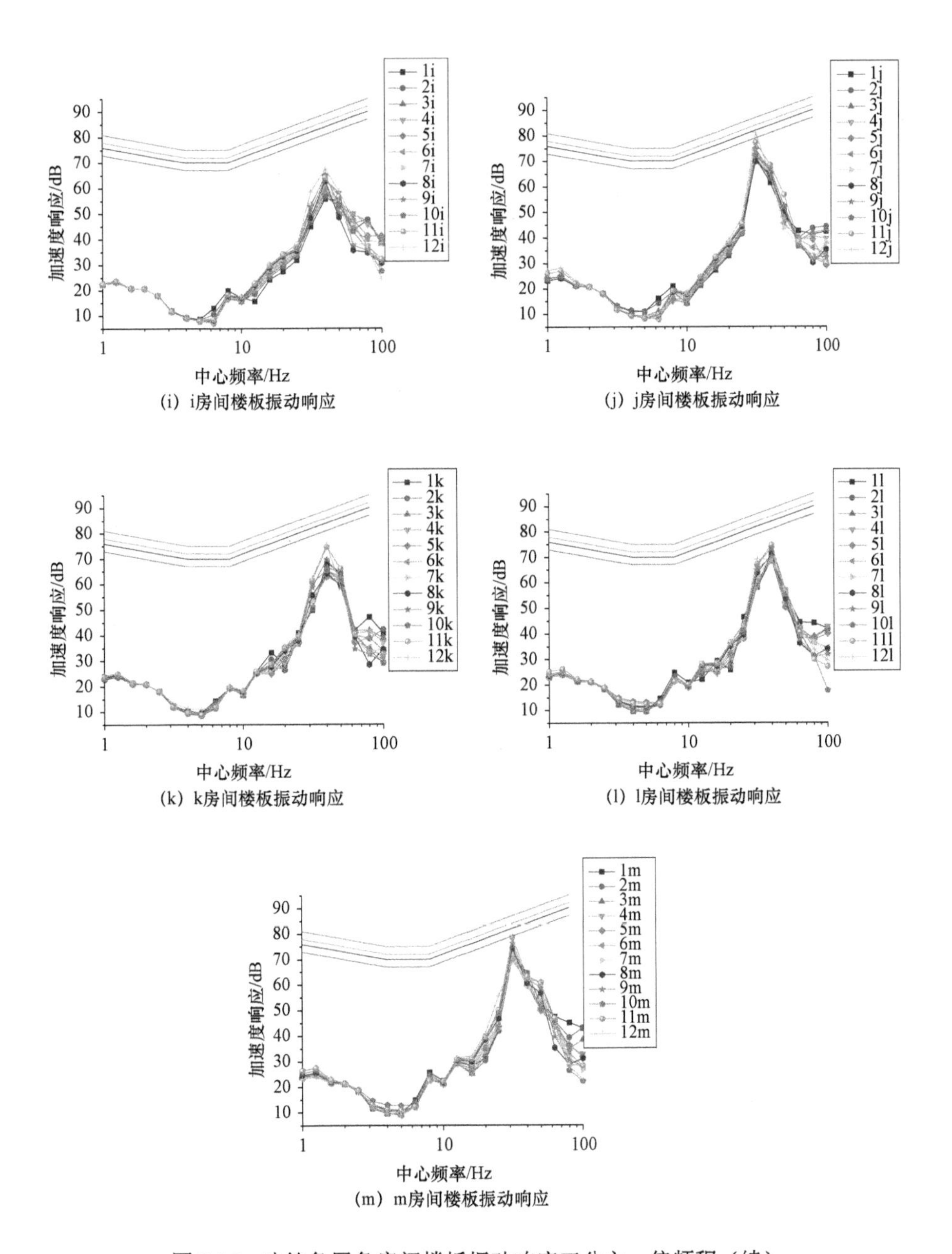

(i) i房间楼板振动响应

(j) j房间楼板振动响应

(k) k房间楼板振动响应

(l) l房间楼板振动响应

(m) m房间楼板振动响应

图 3.16　建筑各层各房间楼板振动响应三分之一倍频程（续）

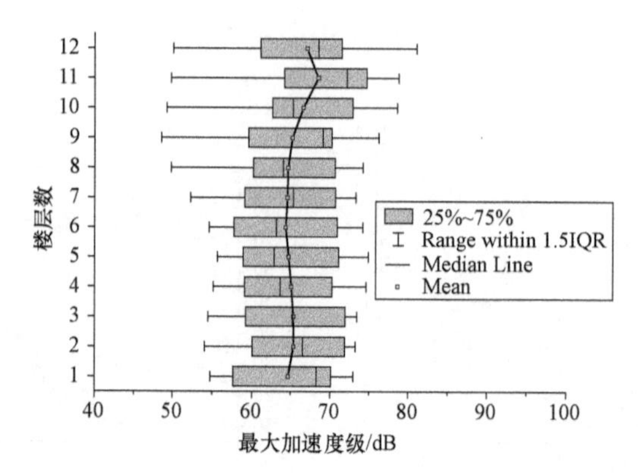

图 3.17 建筑各层各房间楼板最大加速度级

由图 3.16 和图 3.17 可以看出，对于该建筑，振动加速度在 10 Hz 以内随频率增大有先减小后增大的趋势，10 Hz 以上呈先增大后减小的趋势。最大加速度级对应的中心频率随楼层的增加有所降低，说明振动在楼层之间的传播过程中，振动能量由高频转移到低频。另外，从图 3.17 可以看出，最大加速度级随楼层的增加呈现先减小后增大的趋势，建筑一层楼板最大加速度级平均值约为 65.3 dB，顶层楼板最大加速度级平均值约为 68.3 dB，与一层振动相当。建筑最大振动加速度级约为 81 dB，出现在 j 房间顶层楼板，中心频率为 31.5 Hz，超过《住宅建筑室内振动限值及其测量方法标准》（GB/T 50355—2018）中的一级夜间限值 79 dB。此外，h 和 m 房间也在某些楼层存在振动超标情况。

3.4.3 分频振级分析

分频振级是经全身振动 Z 计权因子修正后得到的各三分之一倍频程，分频最大振级为全身振动 Z 计权因子修正后得到的各三分之一倍频程中心频率上的最大振动加速度级。《城市轨道交通引起建筑物振动与二次辐射噪声限值及其测量方法标准》（JGJ/T 170—2009）以分频最大振级作为评价建筑室内振动的评价量。图 3.18 给出了建筑各层各房间楼板振动响应分频振级，图 3.19 给出了建筑各层各房间楼板分频最大振级。

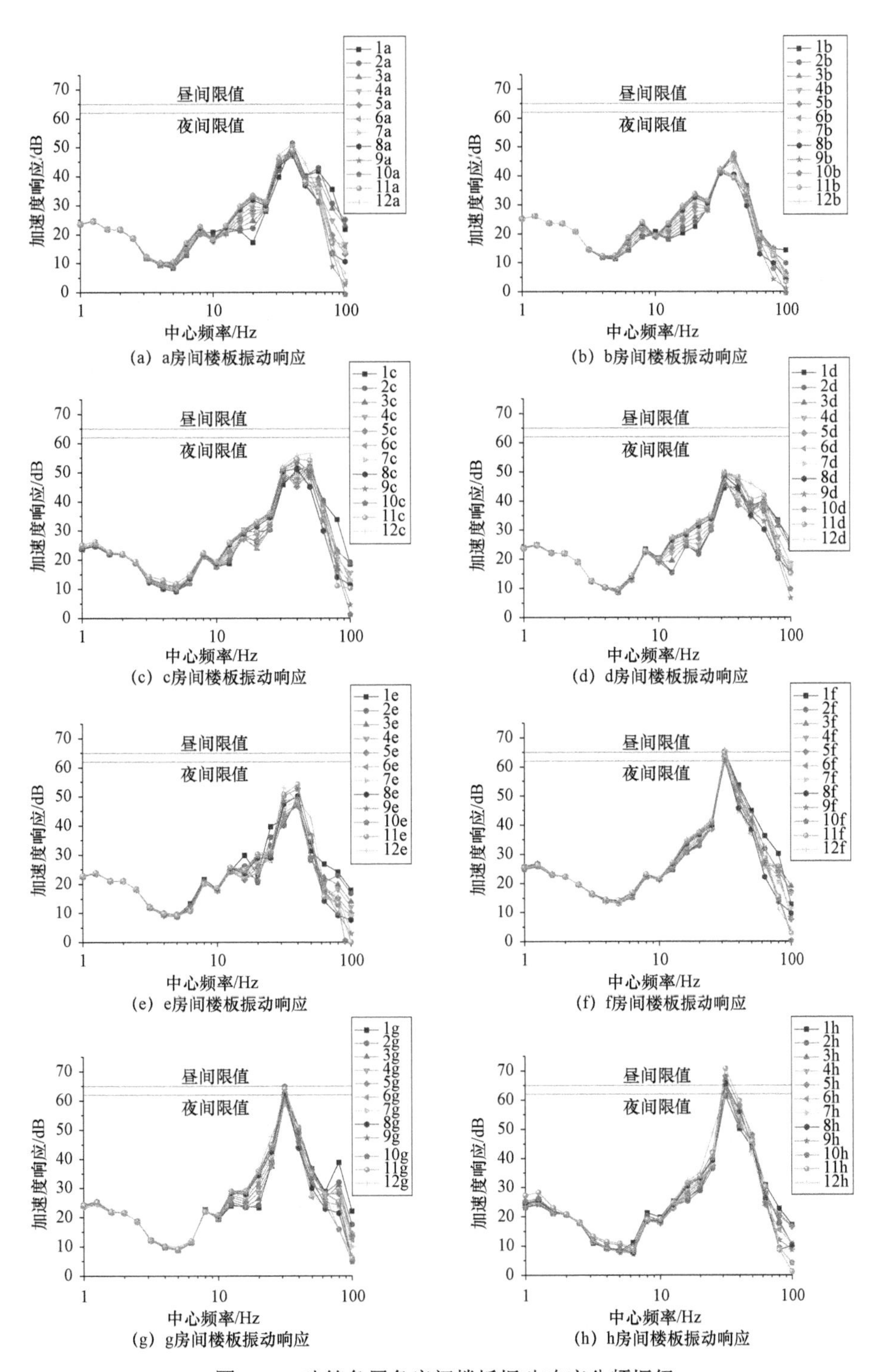

图 3.18　建筑各层各房间楼板振动响应分频振级

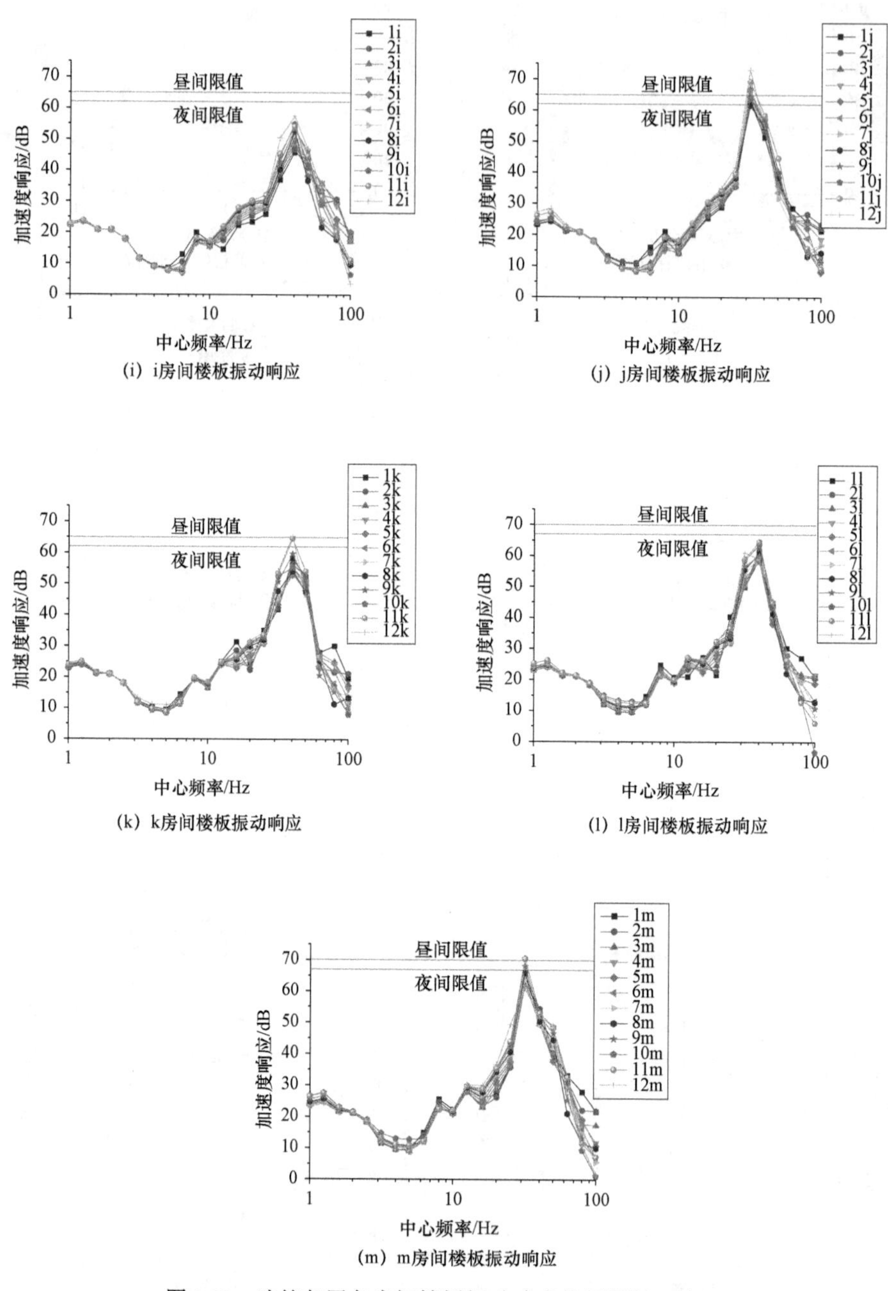

(i) i房间楼板振动响应

(j) j房间楼板振动响应

(k) k房间楼板振动响应

(l) l房间楼板振动响应

(m) m房间楼板振动响应

图 3.18 建筑各层各房间楼板振动响应分频振级（续）

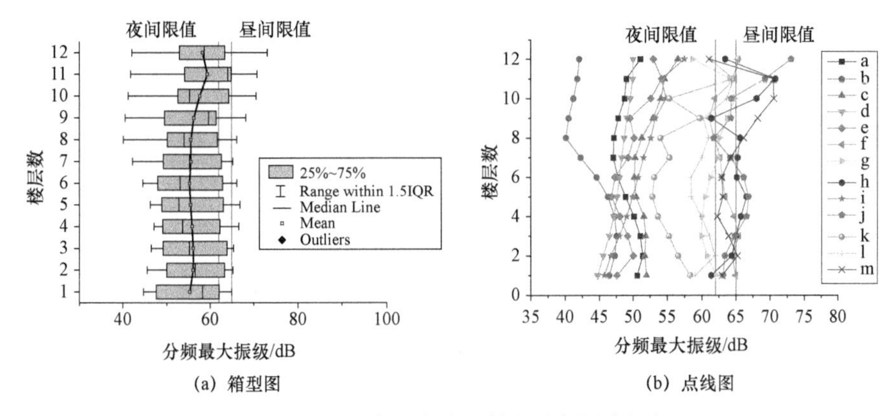

(a) 箱型图　　(b) 点线图

图 3.19　建筑各层各房间楼板分频最大振级

从图 3.18 和图 3.19 可以看出，对于该建筑型式，列车荷载引起的建筑物最大振动分布在 30～50 Hz，且在此频段内一层和顶层的振动最大。建筑物一层楼板分频最大振级平均值约为 55.3 dB，顶层楼板分频最大振级平均值约为 58.3 dB，与一层振动相当，整体低于《城市轨道交通引起建筑物振动与二次辐射噪声限值及其测量方法标准》（JGJ/T 170—2009）所规定的“居住文教区”分频最大振级（夜间限值 62 dB，昼间限值 65 dB）。但是该建筑物的分频最大振级最大值出现在 j 房间顶层，约为 73 dB，高于 JGJ/T 170—2009 所规定的昼间限值 65 dB，相差约为 8 dB；同样明显超过规范限值的房间还有 h 和 m 房间，f、g、k 房间存在轻微的超标情况。

3.4.4　最大 Z 振级分析

依据《住宅建筑室内振动限值及其测量方法标准》（GB/T 50355—2018）和《城市区域环境振动标准》（GB 10070—1988），采用最大 Z 振级评价建筑振动响应，如图 3.20 和图 3.21 所示。两个标准虽然都是使用最大 Z 振级进行评价，但是《城市区域环境振动标准》（GB 10070—1988）制定时，Z 振级的计权网络采用的还是 ISO 标准中对应的 85 计权，而《住宅建筑室内振动限值及其测量方法标准》（GB/T 50355—2018）使用的是最新的 ISO 标准中的 97 计权。

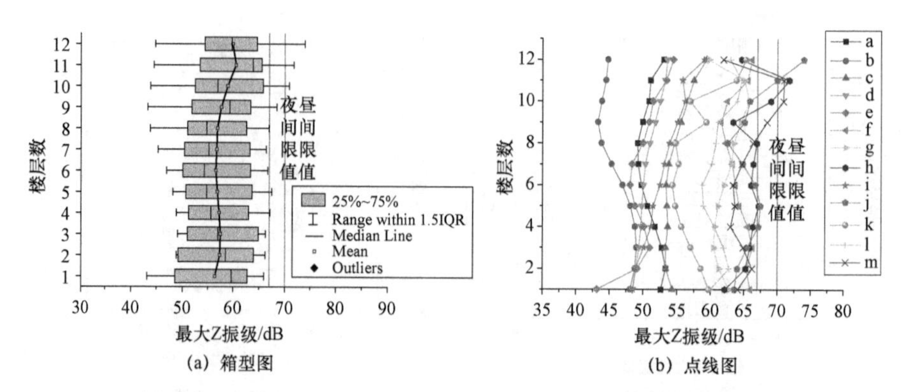

图 3.20　建筑各层各房间楼板最大 Z 振级（按 85 计权网络）

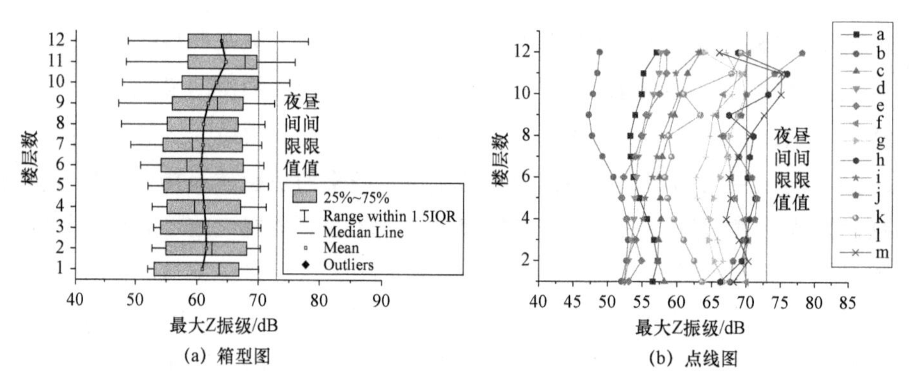

图 3.21　建筑各层各房间楼板最大 Z 振级（按 97 计权网络）

从图 3.20 和图 3.21 可以看出，对于该建筑型式，建筑物内的最大 Z 振级随楼层的变化受户型的影响比较大，部分房间的最大 Z 振级随楼层增大呈增大的趋势，部分房间则呈先减小后增大的趋势，但是从箱型图的最大 Z 振级平均值可以看出其整体还是呈先减小后增大的趋势。

下面将各房间所有楼层楼板振动响应按照 85 计权和 97 计权下最大 Z 振级结果整理至表 3.6 和表 3.7，并和相应的规范限值进行对比，将超出限值要求的房间标注在表格内，以供参考。

表 3.6　各拾振点每层楼最大 Z 振级（85 计权）

单位：dB

楼层	房间编号													超出 GB 10070—1988 限值房间	
	a	b	c	d	e	f	g	h	i	j	k	l	m	夜间限值 67 dB	昼间限值 70 dB
1	52.6	48.1	54.3	48.5	43.2	65.9	62.8	62.2	48.5	63.6	59.7	59.9	64.1		
2	53.3	48.8	53.4	49.0	49.1	65.4	61.3	65.2	48.9	64.0	58.5	62.8	66.2		
3	52.8	49.0	53.3	49.4	51.0	66.3	60.5	65.9	50.1	65.5	57.0	61.9	64.9		
4	51.8	48.8	53.6	49.7	50.1	65.6	60.6	66.4	51.2	67.2	55.6	60.5	63.0	j	
5	50.7	48.1	53.5	49.8	48.8	64.3	61.1	67.2	51.5	67.5	54.8	58.9	63.6	h、j	
6	49.7	46.9	53.4	50.1	48.1	63.7	62.0	66.1	52.5	66.7	54.3	58.7	63.4		
7	49.3	45.3	53.8	50.3	48.3	63.3	63.2	66.4	53.1	64.8	55.2	60.2	64.7		
8	49.2	43.8	54.6	51.0	50.0	62.3	63.5	66.9	53.9	62.6	54.8	60.8	66.3		
9	49.9	43.3	55.6	51.8	50.9	61.6	64.5	63.4	55.1	65.1	59.3	61.1	68.4	m	
10	50.8	43.8	56.5	52.5	51.5	62.5	65.8	69.0	56.2	65.9	56.9	64.0	70.9	h	m
11	51.1	44.5	57.5	53.3	53.4	65.6	65.1	71.8	55.8	70.0	63.8	64.6	71.0	j	h、m
12	53.0	44.8	59.4	53.6	54.4	66.2	59.8	64.6	59.0	74.0	65.3	63.0	61.9		j

表 3.7 各拾振点每层楼最大 Z 振级（97 计权）

单位：dB

楼层	房间编号													超出 GB/T 50355—2018 限值房间	
	a	b	c	d	e	f	g	h	i	j	k	l	m	夜间限值 70 dB	昼间限值 73 dB
1	56.5	52.0	58.2	52.5	53.1	70.1	66.9	66.3	52.4	67.7	63.6	63.9	68.2	f	
2	57.3	52.7	57.3	53.0	54.9	69.5	65.4	69.4	52.8	68.1	62.5	66.7	70.3	m	
3	56.7	53.0	57.4	53.5	54.1	70.4	64.6	70.0	54.0	69.6	60.9	65.9	69.0	f	
4	55.7	52.7	57.7	53.8	52.7	69.7	64.8	70.5	55.1	71.3	59.6	64.5	67.1	h、j	
5	54.6	52.0	57.6	53.9	52.0	68.4	65.2	71.3	55.4	71.6	58.7	62.9	67.8	h、j	
6	53.7	50.8	57.5	54.2	52.3	67.8	66.2	70.2	56.5	70.9	58.2	62.7	67.5	h、j	
7	53.3	49.2	57.9	54.4	53.9	67.4	67.3	70.5	57.1	68.9	59.2	64.1	68.8	h	
8	53.2	47.7	58.7	55.1	54.8	66.4	67.6	71.0	57.8	66.7	58.7	64.7	70.5	h、m	
9	53.9	47.2	59.6	55.9	55.5	65.7	68.7	67.5	59.0	69.2	63.3	65.1	72.6	m	
10	54.8	47.8	60.6	56.6	57.5	66.7	69.9	73.2	60.1	70.0	60.9	67.9	75.0		h、m
11	55.1	48.4	61.4	57.4	58.4	69.7	69.2	75.9	59.8	74.1	67.8	68.6	75.1		h、j、m
12	57.0	48.8	63.3	57.6	58.4	70.3	63.9	68.8	63.0	78.1	69.2	67.1	66.0	f	j

第4章

基于谱单元法的梁/柱结构动力模型研究

在建筑结构中，梁是连接于两柱之间，承受楼板荷载的水平构件，主要受弯矩和剪力作用；柱是承受并传递梁上荷载的竖直构件，主要承受轴力作用。地铁列车振动传至建筑内的激励同时具有竖向和水平向分量，即建筑结构同时承担竖向激振荷载与水平激振荷载。此时，柱结构不仅承受轴向振动，还承受弯曲振动和扭转振动，而梁结构也不仅承受弯曲振动，还承受轴向振动和扭转振动。由此可见，梁、柱结构承担的荷载类型相同，因此本章将梁、柱结构统称为梁/柱结构，并统一模拟为考虑轴向振动、弯曲振动和扭转振动的梁/柱单元。

采用谱单元法进行框架建筑中梁/柱结构模拟时，根据梁/柱构件的受力特性，在频域内根据动力平衡方程推导其动态形函数和动刚度矩阵，从而获得梁/柱构件的谱单元模型。

4.1 梁/柱结构动力计算的谱单元法推导

谱单元法的原理是将结构振动表示为结构中有限个弹性波的叠加。通过求解结构的控制方程得到结构中不同类型的波，结合结构两端的广义位移边界条件，得到各个类型的波的幅值，通过波的叠加即可得到精确的位移函数；通过直接刚度法，可以得到结构的精确动刚度矩阵。

尽管谱单元法的研究已较完备，但为保证本书的完整性，本节仍将针对梁/柱结构的轴向振动、扭转振动和弯曲振动的动态形函数和动刚度矩阵进行详细推导，推导过程参考了 *Dynamics of Structures*[13]中的直接刚度法、文献[140]中的动态形函数求解思路，以及 *Wave Propagation in Structures*[39]中的谱单元法思想。

4.1.1 轴向振动的频域求解

4.1.1.1 理论推导

图 4.1 是一个均匀的梁/柱结构，长为 L，截面积为 A。结构的左、右两端点编号分别为[1]和[2]，位移和力的正方向与坐标轴正方向同向。

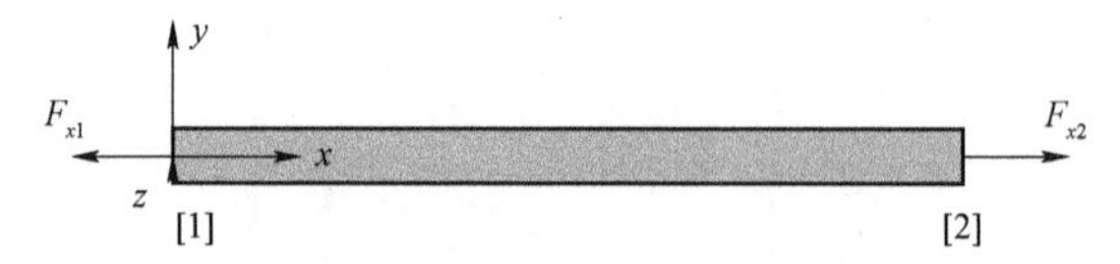

图 4.1 考虑轴向振动的梁/柱结构

结构的平衡方程为：

$$E\frac{\partial^2 u_x(x,t)}{\partial x^2}=\rho\frac{\partial^2 u_x(x,t)}{\partial t^2} \tag{4.1}$$

式中，E 表示弹性模量，ρ 表示密度，u_x 表示 x 方向的位移。对偏微分方程中的时间变量 t 进行傅里叶变换，得到以频率 ω 为变量的常微分方程：

$$E^*\frac{\mathrm{d}^2\hat{u}_x(x,\omega)}{\mathrm{d}x^2}=-\omega^2\rho\hat{u}_x(x,\omega) \tag{4.2}$$

式中，考虑损耗因子 η，将弹性模量替换成复弹性模量 $E^*=(1+\eta\mathrm{i})E$，i 为虚数单位；$\hat{u}_x$ 为傅里叶变换后的位移。根据上述常微分方程可以求解出一对沿 x 轴正反方向传播的波的波数，并将位移表示为结构中的波的叠加：

$$\hat{u}_x(x,\omega)=C_1\cos k^{\mathrm{a}}x+C_2\sin k^{\mathrm{a}}x \tag{4.3}$$

式中，C_1,C_2 为两个与边界条件相关的系数，k^{a} 为沿 x 方向的波数（右上角标"a"表示轴向波），且

$$k^{\mathrm{a}}=\pm\omega/\sqrt{E^*/\rho} \tag{4.4}$$

根据式（4.3）表示梁/柱结构两端的位移为：

$$\begin{bmatrix}\hat{u}_{1x}\\ \hat{u}_{2x}\end{bmatrix}=\begin{bmatrix}\hat{u}_x(0,\omega)\\ \hat{u}_x(L,\omega)\end{bmatrix}=\begin{bmatrix}1 & 0\\ \cos k^{\mathrm{a}}L & \sin k^{\mathrm{a}}L\end{bmatrix}\begin{bmatrix}C_1\\ C_2\end{bmatrix}=\boldsymbol{X}^{\mathrm{a}}\begin{bmatrix}C_1\\ C_2\end{bmatrix} \tag{4.5}$$

未知系数 C_1,C_2 可以由两端位移表示为：

$$\begin{bmatrix}C_1\\ C_2\end{bmatrix}=(\boldsymbol{X}^{\mathrm{a}})^{-1}\begin{bmatrix}\hat{u}_{1x}\\ \hat{u}_{2x}\end{bmatrix} \tag{4.6}$$

将式（4.6）代入位移表达式（4.3），可以得到位移函数：

$$\hat{u}_x(x,\omega)=\begin{bmatrix}\cos k^{\mathrm{a}}x & \sin k^{\mathrm{a}}x\end{bmatrix}(\boldsymbol{X}^{\mathrm{a}})^{-1}\begin{bmatrix}\hat{u}_{1x}\\ \hat{u}_{2x}\end{bmatrix}=\boldsymbol{N}^{\mathrm{a}}\begin{bmatrix}\hat{u}_{1x}\\ \hat{u}_{2x}\end{bmatrix} \tag{4.7}$$

式中，梁/柱结构轴向振动的形函数为：

$$\boldsymbol{N}^{\mathrm{a}}=\begin{bmatrix}\cos k^{\mathrm{a}}x & \sin k^{\mathrm{a}}x\end{bmatrix}\begin{bmatrix}1 & 0\\ \cos k^{\mathrm{a}}L & \sin k^{\mathrm{a}}L\end{bmatrix}^{-1} \tag{4.8}$$

根据位移表达式（4.3），结构的应变可以表示为：

$$\hat{\varepsilon}_{xx}(x,\omega)=\frac{\mathrm{d}\hat{u}_x(x,\omega)}{\mathrm{d}x}=k^{\mathrm{a}}(-C_1\sin k^{\mathrm{a}}x+C_2\cos k^{\mathrm{a}}x) \tag{4.9}$$

根据 Cauchy 公式，梁/柱结构两端的力可以表示为：

$$\begin{bmatrix}\hat{F}_{1x}\\ \hat{F}_{2x}\end{bmatrix}=A\begin{bmatrix}-\hat{\sigma}_{xx}(0,\omega)\\ \hat{\sigma}_{xx}(L,\omega)\end{bmatrix}=\frac{E^*A}{L}k^{\mathrm{a}}L\begin{bmatrix}0 & -1\\ -\sin k^{\mathrm{a}}L & \cos k^{\mathrm{a}}L\end{bmatrix}\begin{bmatrix}C_1\\ C_2\end{bmatrix}=\boldsymbol{Y}^{\mathrm{a}}\begin{bmatrix}C_1\\ C_2\end{bmatrix} \tag{4.10}$$

通过联立位移表达式（4.3）和力表达式（4.10），可以将系数 C_1,C_2 消除，得到力向量与位移向量的关系式：

$$\begin{bmatrix}\hat{F}_{1x}\\ \hat{F}_{2x}\end{bmatrix}=\boldsymbol{Y}^{\mathrm{a}}(\boldsymbol{X}^{\mathrm{a}})^{-1}\begin{bmatrix}\hat{u}_{1x}\\ \hat{u}_{2x}\end{bmatrix}=\boldsymbol{K}_{\mathrm{e}}^{\mathrm{a}}\begin{bmatrix}\hat{u}_{1x}\\ \hat{u}_{2x}\end{bmatrix} \tag{4.11}$$

式中，$\boldsymbol{K}_{\mathrm{e}}^{\mathrm{a}}$ 为梁/柱单元轴向振动的动刚度矩阵（右下角标“e”表示单元）：

$$\boldsymbol{K}_{\mathrm{e}}^{\mathrm{a}}=\frac{E^*A}{L}\cdot\frac{k^{\mathrm{a}}L}{\sin k^{\mathrm{a}}L}\begin{bmatrix}\cos k^{\mathrm{a}}L & -1\\ -1 & \cos k^{\mathrm{a}}L\end{bmatrix} \tag{4.12}$$

4.1.1.2　实例：轴向荷载下的梁/柱结构动力求解

为了验证谱单元法的准确性，以悬臂梁/柱结构为例，分别采用解析法、谱单元法和有限元法计算结构的自振频率及动力响应。

图 4.2 为一根左端固定的均匀混凝土梁/柱结构，右端受轴向单位扫频荷载 $\hat{P}_x(\omega)=1$ N/Hz 激励。梁/柱结构的长度为 L=4 m，截面积 A=0.25 m^2。混凝土的密度 $\rho=2\,500$ kg/m^3，弹性模量 $E=3.5\times10^{10}$ Pa，损耗因子 $\eta=0.1$。因为要计算 O 点处的振动响应，所以在梁/柱结构中点处增加一个节点。节点编号为[1] ～[3]，单元编号为 1、2。

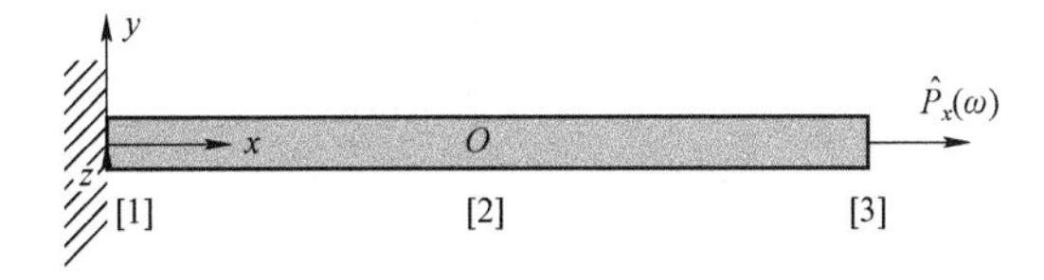

图 4.2　轴向荷载下的悬臂梁/柱结构

通过解析法计算可得，当结构承受静荷载时，即频率为 0 时，O 点的位移大小为：

$$u_{2x} = \left.\frac{\hat{P}_x(0)\ x}{EA}\right|_{x=2\text{m}} = 2.28\times10^{-10}\ \text{m} \tag{4.13}$$

轴向振动下的悬臂梁/柱结构的自振频率由如下平衡方程计算：

$$\left(\frac{E^* A}{L}\frac{k^{\text{a}} L}{\tan k^{\text{a}} L}\right)\hat{u}_{3x} = \hat{F}_{3x} \tag{4.14}$$

当荷载 $\hat{F}_{3x} = 0$ 时，为了保证方程中的位移 $\hat{u}_{3x}$ 有解，式（4.14）应满足如下条件：

$$\frac{E^* A}{L}\frac{k^{\text{a}} L}{\tan k^{\text{a}} L} = 0$$

即

$$k_n^{\text{a}} L = (2n-1)\frac{\pi}{2} \quad (n = 1,2,3,\cdots)$$

由此可得自振频率表达式：

$$f_n = \frac{(2n-1)\pi}{4\pi L}\sqrt{\frac{E^*}{\rho}} \tag{4.15}$$

由上式可以得到悬臂梁/柱结构在 0～2 000 Hz 内的自振频率为 234 Hz，702 Hz，1 171 Hz 和 1 639 Hz。

分别采用传统的有限元法与本节所述的谱单元法计算结构的振动响应，结果如图 4.3 所示。

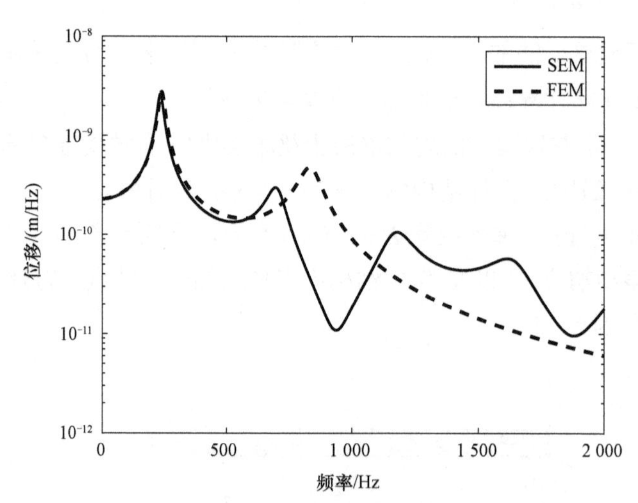

图 4.3 O 点位移频谱对比

（SEM 表示谱单元法；FEM 表示有限元法。下同）

由图 4.3 可以看出：

（1）当频率为 0 时，位移响应为 2.27×10^{-10} m，与通过解析法得到的静态位移相比，准确度达到 99.6%；

（2）谱单元法的计算结果可以反映出梁/柱结构的第 1～4 阶主频，分别约为 235 Hz、700 Hz、1 180 Hz 和 1 615 Hz，这与悬臂梁/柱结构的解析结果相近；而有限元法计算得到的主频仅与低阶自振频率吻合，而在高阶主频出现误差；

（3）对比谱单元法与有限元法的计算结果，在 0～600 Hz 频段内吻合较好；但在 600～900 Hz 范围内二者差异较为明显，对比解析解可知，有限元法的结果准确性较差；对于 900 Hz 以上频段，有限元法失效，无法计算出准确结果；

（4）由以上分析可知，谱单元法可以较为准确地计算得到 0～2 000 Hz 内悬臂梁/柱结构的振动响应和共振频率值，有限元法在 600 Hz 以内频段计算结果较为准确，但随着频率的增加，计算结果误差越来越大。

从计算效率方面来看，为了模拟波的传播，有限元法需要将梁/柱结构离散成若干单元，这将导致模型自由度增多，影响计算效率。谱单元法的优势在于不需要进行单元划分，这意味着其动刚度矩阵的维度相对较小，有助于提高计算效率。但是，谱单元法需要在每一个频率点重复计算动刚度矩阵，从某种程度上来说，这会影响计算效率。因此，关于两种方法在计算效率方面的比较，应根据具体情况进行讨论。

4.1.2　扭转振动的频域求解

4.1.2.1　理论推导

图 4.4 为一个扭矩作用下的均匀梁/柱结构，I_{P} 为极惯性矩，θ_x 为绕 x 轴方向的转角。根据右手定则，转角与弯矩指向 x 轴正方向时为正。

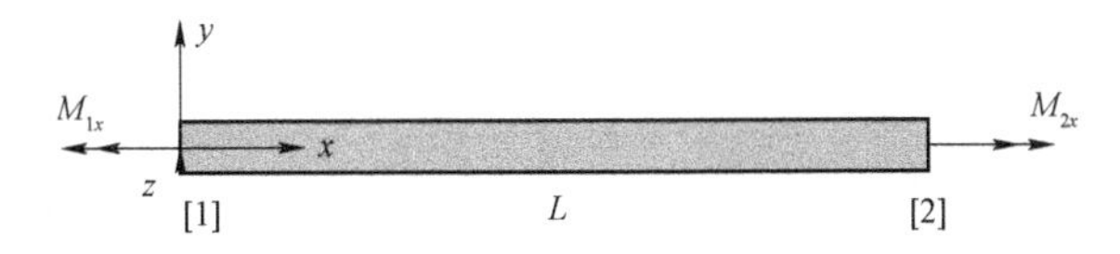

图 4.4　扭转变形的梁/柱结构

梁/柱结构扭转振动的平衡方程为：

$$G\frac{\partial^2\theta_x(x,t)}{\partial x^2}=\rho\frac{\partial^2\theta_x(x,t)}{\partial t^2} \tag{4.16}$$

式中，G 为剪切模量；

$$G=\frac{E}{2(1+\nu)} \tag{4.17}$$

式中，ν为泊松比。对式（4.16）进行傅里叶变换得到频域方程：

$$G^{*}\frac{\mathrm{d}^{2}\hat{\theta}(x,\omega)}{\mathrm{d}x^{2}}=-\omega^{2}\rho\hat{\theta}(x,\omega),\quad G^{*}=(1+\eta\mathrm{i})G \tag{4.18}$$

式中，剪切模量 G 由包含损耗因子η的复剪切模量 G^*代替。求解得到转角$\hat{\theta}_x(x,\omega)$：

$$\hat{\theta}_x(x,\omega)=C_1\cos k^{\mathrm{t}}x+C_2\sin k^{\mathrm{t}}x \tag{4.19}$$

式中，C_1,C_2为两个与边界条件相关的系数，而k^{t}为扭转波的波数：

$$k^{\mathrm{t}}=\pm\omega/\sqrt{G^{*}/\rho} \tag{4.20}$$

梁/柱结构两端的转角为：

$$\begin{bmatrix}\hat{\theta}_{1x}\\ \hat{\theta}_{2x}\end{bmatrix}=\begin{bmatrix}\hat{\theta}_x(0,\omega)\\ \hat{\theta}_x(L,\omega)\end{bmatrix}=\begin{bmatrix}1 & 0\\ \cos k^{\mathrm{t}}L & \sin k^{\mathrm{t}}L\end{bmatrix}\begin{bmatrix}C_1\\ C_2\end{bmatrix}=\boldsymbol{X}^{\mathrm{t}}\begin{bmatrix}C_1\\ C_2\end{bmatrix} \tag{4.21}$$

未知系数C_1,C_2可以由两端转角表示为：

$$\begin{bmatrix}C_1\\ C_2\end{bmatrix}=(\boldsymbol{X}^{\mathrm{t}})^{-1}\begin{bmatrix}\hat{\theta}_{1x}\\ \hat{\theta}_{2x}\end{bmatrix} \tag{4.22}$$

将式（4.22）代入式（4.19）可以得到转角的位移函数：

$$\hat{\theta}_x(x,\omega)=\begin{bmatrix}\cos k^{\mathrm{t}}x & \sin k^{\mathrm{t}}x\end{bmatrix}(\boldsymbol{X}^{\mathrm{t}})^{-1}\begin{bmatrix}\hat{\theta}_{1x}\\ \hat{\theta}_{2x}\end{bmatrix}=\boldsymbol{N}^{\mathrm{t}}\begin{bmatrix}\hat{\theta}_{1x}\\ \hat{\theta}_{2x}\end{bmatrix} \tag{4.23}$$

式中，$\boldsymbol{N}^{\mathrm{t}}$为扭转振动下梁/柱结构的形函数。

结构两端弯矩为：

$$\begin{bmatrix}\hat{M}_{1x}\\ \hat{M}_{2x}\end{bmatrix}=G^{*}I_{\mathrm{P}}\begin{bmatrix}-\dfrac{\mathrm{d}\hat{\theta}(0,\omega)}{\mathrm{d}x}\\ \dfrac{\mathrm{d}\hat{\theta}(L,\omega)}{\mathrm{d}x}\end{bmatrix}=\frac{G^{*}I_{\mathrm{P}}}{L}k^{\mathrm{t}}L\begin{bmatrix}0 & -1\\ -\sin k^{\mathrm{t}}L & \cos k^{\mathrm{t}}L\end{bmatrix}\begin{bmatrix}C_1\\ C_2\end{bmatrix}=\boldsymbol{Y}^{\mathrm{t}}\begin{bmatrix}C_1\\ C_2\end{bmatrix} \tag{4.24}$$

将式（4.22）代入式（4.24）即可得到梁/柱结构两端弯矩与转角的关系式：

$$\begin{bmatrix}\hat{M}_{1x}\\ \hat{M}_{2x}\end{bmatrix}=\boldsymbol{Y}^{\mathrm{t}}(\boldsymbol{X}^{\mathrm{t}})^{-1}\begin{bmatrix}\hat{\theta}_{1x}\\ \hat{\theta}_{2x}\end{bmatrix}=\boldsymbol{K}_{\mathrm{e}}^{\mathrm{t}}\begin{bmatrix}\hat{\theta}_{1x}\\ \hat{\theta}_{2x}\end{bmatrix} \tag{4.25}$$

式中，$\boldsymbol{K}_{\mathrm{e}}^{\mathrm{t}}$为结构扭转振动的动刚度矩阵：

$$\boldsymbol{K}_{\mathrm{e}}^{\mathrm{t}}=\frac{G^{*}I_{\mathrm{P}}}{L}\frac{k^{\mathrm{t}}L}{\sin k^{\mathrm{t}}L}\begin{bmatrix}\cos k^{\mathrm{t}}L & -1\\ -1 & \cos k^{\mathrm{t}}L\end{bmatrix} \tag{4.26}$$

4.1.2.2　实例：扭矩下的梁/柱结构动力求解

为了验证扭矩作用下梁/柱结构谱单元模型的准确性，以悬臂梁/柱结构为例，分别采用解析法、谱单元法和有限元法计算结构的自振频率及动力响应。

以图 4.5 所示的梁/柱结构为例，其右侧端点受单位扫频扭矩 $\hat{M}_x(\omega)=1\ \mathrm{N\bullet m/Hz}$ 激励，左端固定约束。极惯性矩 $I_{\mathrm{P}}=0.01\ \mathrm{m}^4$，泊松比 $\nu=0.3$，其他几何、材料参数同 4.1.1 节。将梁/柱结构划分成 2 个长度为 2 m 的单元，分别采用谱单元法和有限元法计算 O 点的振动响应，如图 4.6 所示。

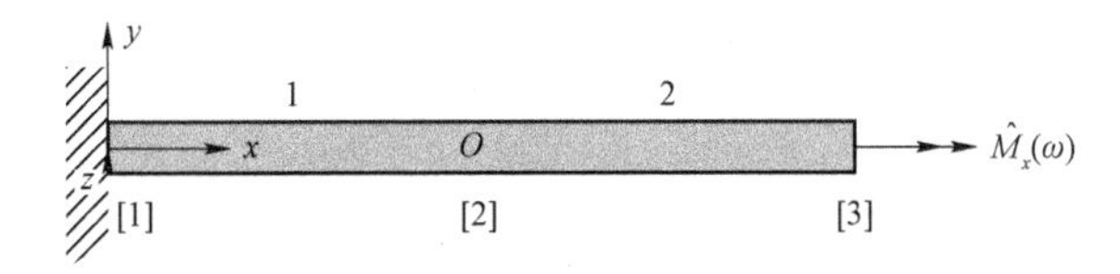

图 4.5　扭转变形的悬臂梁/柱结构

通过解析法计算可得，当结构承受静态扭矩荷载作用时，O 点转角大小为：

$$\theta_{2x}=\left.\frac{M_x x}{GI_{\mathrm{P}}}\right|_{x=2\mathrm{m}}=1.43\times10^{-8}\ \mathrm{rad} \tag{4.27}$$

梁/柱结构在扭转振动下的自振频率求解方法与轴向振动的自振频率求解方法类似，表达式为：

$$f_n=\frac{(2n-1)\pi}{4\pi L}\sqrt{\frac{G^{*}}{\rho}}\quad(n=1,2,3,\cdots) \tag{4.28}$$

分别采用传统的有限元法与本节所述的谱单元法计算结构的振动响应，结果如图 4.6 所示，可以看出：

（1）在数值计算中，当频率为 0 时，O 点转角为1.43×10^{-8} rad，与解析解相等；

（2）谱单元法计算得到的振动响应主频与解析解相近，而有限元法计算得到的主频仅与解析解的第 1 阶自振频率吻合；

（3）对比谱单元法与有限元法的计算结果，在 0～440 Hz 频段内，两种数值方法的计算结果吻合；在 440～1 330 Hz 频段内，有限元计算结果出现偏差；当频率大于 1 330 Hz 时，有限元法无法给出准确结果；

（4）由以上分析可知，谱单元法可以较为准确地计算得到 0～2 000 Hz 内扭转振动下悬臂梁/柱结构的振动响应和共振频率值，有限元法在 440 Hz 以内频段的计算结果较为准确，但随着频率的增加，计算结果误差越来越大。

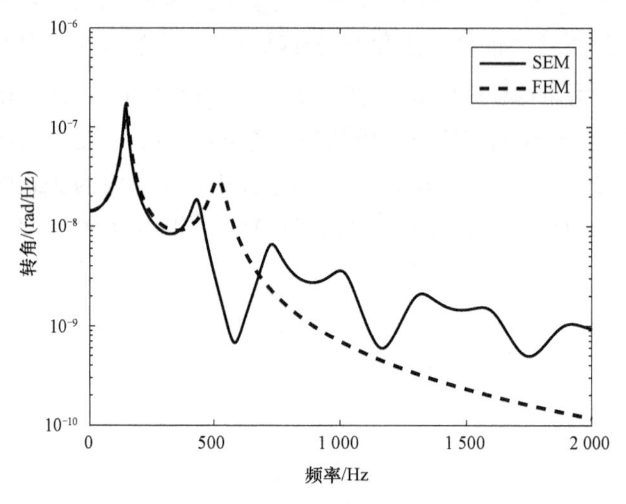

图 4.6　O 点转角 θ_x 频谱

4.1.3　弯曲振动的频域求解

图 4.7 为一个弯曲振动的均匀梁/柱结构，结构的两端受剪力（Q_{1y},Q_{2y}）和弯矩（M_{1z},M_{2z}）作用。u_y 为 y 方向位移，I_z 为 z 轴的轴惯性矩，转角 θ_z 与弯矩 M_z 按照右手定则指向 z 轴正方向时为正。本节分别根据 Euler-Bernoulli 理论和 Timoshenko 理论对梁/柱结构的弯曲振动进行动力分析，并应用谱单元法求解形函数和动刚度矩阵。

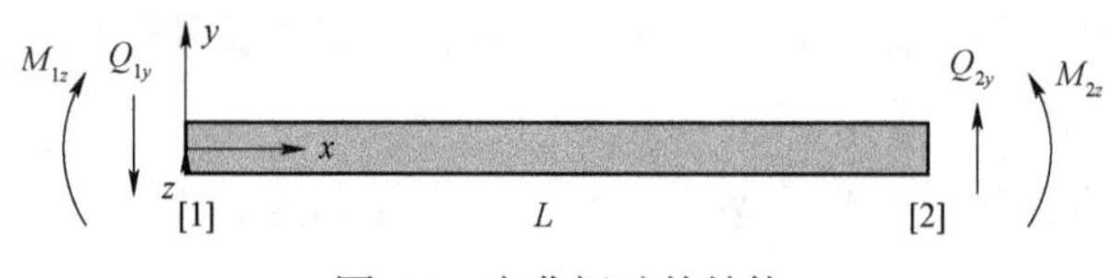

图 4.7　弯曲振动的结构

4.1.3.1　Euler-Bernoulli 理论

Euler-Bernoulli 理论的基本假设为：①梁/柱结构截面的平面内刚度无限大；②梁/柱结构截面始终垂直于中性轴。由该假设推出，梁/柱结构只产生弯曲变形，不发生剪切变形。基于这种假设，Euler-Bernoulli 理论较适合长细比较大的梁/柱结构。基于 Euler-Bernoulli 理论的梁/柱结构的平衡方程为：

$$EI_z \frac{\partial^4 u_y(x,t)}{\partial x^4} = -\rho A \frac{\partial^2 u_y(x,t)}{\partial t^2} \tag{4.29}$$

对式（4.29）进行傅里叶变换得到常微分方程：

$$E^* I_z \frac{\mathrm{d}^4 \hat{u}_y(x,\omega)}{\mathrm{d}x^4} = \omega^2 \rho A \hat{u}_y(x,\omega) \tag{4.30}$$

由此解出位移 $\hat{u}_y(x,\omega)$：

$$\hat{u}_y(x,\omega) = C_1 \sin k^{\mathrm{b}} x + C_2 \cos k^{\mathrm{b}} x + C_3 \sinh k^{\mathrm{b}} x + C_4 \cosh k^{\mathrm{b}} x \tag{4.31}$$

式中，$C_1 \sim C_4$ 为与结构两端边界相关的系数，k^{b} 为弯曲波波数：

$$(k^{\mathrm{b}})^4 = \frac{\omega^2 \rho A}{E^* I_z} \tag{4.32}$$

进而解出转角：

$$\hat{\theta}_z(x,\omega) = \frac{\mathrm{d}\hat{u}_y(x,\omega)}{\mathrm{d}x} = k^{\mathrm{b}}(C_1 \cos k^{\mathrm{b}} x - C_2 \sin k^{\mathrm{b}} x + C_3 \cosh k^{\mathrm{b}} x + C_4 \sinh k^{\mathrm{b}} x) \tag{4.33}$$

梁/柱结构两端的位移和转角可以表示为：

$$\begin{bmatrix} \hat{u}_{1y} \\ \hat{\theta}_{1z} \\ \hat{u}_{2y} \\ \hat{\theta}_{2z} \end{bmatrix} = \begin{bmatrix} \hat{u}_y(0,\omega) \\ \hat{\theta}_z(0,\omega) \\ \hat{u}_y(L,\omega) \\ \hat{\theta}_z(L,\omega) \end{bmatrix} = \begin{bmatrix} 0 & 1 & 0 & 1 \\ k^{\mathrm{b}} & 0 & k^{\mathrm{b}} & 0 \\ \sin k^{\mathrm{b}} L & \cos k^{\mathrm{b}} L & \sinh k^{\mathrm{b}} L & \cosh k^{\mathrm{b}} L \\ k^{\mathrm{b}} \cos k^{\mathrm{b}} L & -k^{\mathrm{b}} \sin k^{\mathrm{b}} L & k^{\mathrm{b}} \cosh k^{\mathrm{b}} L & k^{\mathrm{b}} \sinh k^{\mathrm{b}} L \end{bmatrix} \begin{bmatrix} C_1 \\ C_2 \\ C_3 \\ C_4 \end{bmatrix} = \boldsymbol{X}^{\mathrm{b}} \begin{bmatrix} C_1 \\ C_2 \\ C_3 \\ C_4 \end{bmatrix} \tag{4.34}$$

式中，未知系数向量可以表示为：

$$\begin{bmatrix} C_1 \\ C_2 \\ C_3 \\ C_4 \end{bmatrix} = (\boldsymbol{X}^{\mathrm{b}})^{-1} \begin{bmatrix} \hat{u}_{1y} \\ \hat{\theta}_{1z} \\ \hat{u}_{2y} \\ \hat{\theta}_{2z} \end{bmatrix} \tag{4.35}$$

将式（4.35）代入表达式（4.31）可以得到位移函数：

$$\hat{u}_y(x,\omega) = \begin{bmatrix} \sin k^{\mathrm{b}}x & \cos k^{\mathrm{b}}x & \sinh k^{\mathrm{b}}x & \cosh k^{\mathrm{b}}x \end{bmatrix} (\boldsymbol{X}^{\mathrm{b}})^{-1} \begin{bmatrix} \hat{u}_{1y} \\ \hat{\theta}_{1z} \\ \hat{u}_{2y} \\ \hat{\theta}_{2z} \end{bmatrix} = \boldsymbol{N}^{\mathrm{b}} \begin{bmatrix} \hat{u}_{1y} \\ \hat{\theta}_{1z} \\ \hat{u}_{2y} \\ \hat{\theta}_{2z} \end{bmatrix} \tag{4.36}$$

式中，$\boldsymbol{N}^{\mathrm{b}}$ 为形函数。

梁/柱结构两端的剪力和弯矩可以表示为：

$$\begin{aligned} \begin{bmatrix} \hat{Q}_{1y} \\ \hat{M}_{1z} \\ \hat{Q}_{2y} \\ \hat{M}_{2z} \end{bmatrix} &= E^* I_z \begin{bmatrix} -\hat{Q}_y(0,\omega) \\ -\hat{M}_z(0,\omega) \\ \hat{Q}_y(L,\omega) \\ \hat{M}_z(L,\omega) \end{bmatrix} \\ &= E^* I_z (k^{\mathrm{b}})^2 \begin{bmatrix} -k^{\mathrm{b}} & 0 & k^{\mathrm{b}} & 0 \\ 0 & 1 & 0 & -1 \\ k^{\mathrm{b}}\cos k^{\mathrm{b}}L & -k^{\mathrm{b}}\sin k^{\mathrm{b}}L & -k^{\mathrm{b}}\cosh k^{\mathrm{b}}L & -k^{\mathrm{b}}\sinh k^{\mathrm{b}}L \\ -\sin k^{\mathrm{b}}L & -\cos k^{\mathrm{b}}L & \sinh k^{\mathrm{b}}L & \cosh k^{\mathrm{b}}L \end{bmatrix} \begin{bmatrix} C_1 \\ C_2 \\ C_3 \\ C_4 \end{bmatrix} \\ &= \boldsymbol{Y}^{\mathrm{b}} \begin{bmatrix} C_1 \\ C_2 \\ C_3 \\ C_4 \end{bmatrix} \end{aligned} \tag{4.37}$$

通过联立式（4.34）和式（4.37），可以消除系数 $C_1 \sim C_4$，并得到梁/柱结构两端广义力向量与广义位移向量的关系：

$$\begin{bmatrix} \hat{Q}_{1y} \\ \hat{M}_{1z} \\ \hat{Q}_{2y} \\ \hat{M}_{2z} \end{bmatrix} = \boldsymbol{Y}^{\mathrm{b}} (\boldsymbol{X}^{\mathrm{b}})^{-1} \begin{bmatrix} \hat{u}_{1y} \\ \hat{\theta}_{1z} \\ \hat{u}_{2y} \\ \hat{\theta}_{2z} \end{bmatrix} = \boldsymbol{K}_{\mathrm{e}}^{\mathrm{b}} \begin{bmatrix} \hat{u}_{1y} \\ \hat{\theta}_{1z} \\ \hat{u}_{2y} \\ \hat{\theta}_{2z} \end{bmatrix} \tag{4.38}$$

式中，$\boldsymbol{K}_{\mathrm{e}}^{\mathrm{b}}$ 为 Euler-Bernoulli 梁/柱结构的动刚度矩阵：

$$\boldsymbol{K}_{\mathrm{e}}^{\mathrm{b}}=\frac{E^{*}I_{z}k^{\mathrm{b}}}{1-c\cdot \mathrm{ch}}\begin{bmatrix}(k^{\mathrm{b}})^{2}(s\cdot \mathrm{ch}+c\cdot \mathrm{sh}) & k^{\mathrm{b}}\cdot s\cdot \mathrm{sh} & -(k^{\mathrm{b}})^{2}(\mathrm{sh}+s) & k^{\mathrm{b}}(\mathrm{ch}-c)\\ k^{\mathrm{b}}\cdot s\cdot \mathrm{sh} & s\cdot \mathrm{ch}-c\cdot \mathrm{sh} & -k^{\mathrm{b}}(\mathrm{ch}-c) & \mathrm{sh}-s\\ -(k^{\mathrm{b}})^{2}(\mathrm{sh}+s) & -k^{\mathrm{b}}(\mathrm{ch}-c) & (k^{\mathrm{b}})^{2}(s\cdot \mathrm{ch}+c\cdot \mathrm{sh}) & -k^{\mathrm{b}}\cdot s\cdot \mathrm{sh}\\ k^{\mathrm{b}}(\mathrm{ch}-c) & \mathrm{sh}-s & -k^{\mathrm{b}}\cdot s\cdot \mathrm{sh} & s\cdot \mathrm{ch}-c\cdot \mathrm{sh}\end{bmatrix} \tag{4.39}$$

式中，$s=\sin k^{\mathrm{b}}L,\ c=\cos k^{\mathrm{b}}L,\ \mathrm{sh}=\sinh k^{\mathrm{b}}L,\ \mathrm{ch}=\cosh k^{\mathrm{b}}L$。

4.1.3.2 Timoshenko 理论

图 4.8 为一个弯曲梁的微元示意图。θ_z 表示截面的转角，r_z 表示中性轴的转角，二者之间的关系为：

$$\frac{\partial u_y}{\partial x}=\theta_z+r_z \tag{4.40}$$

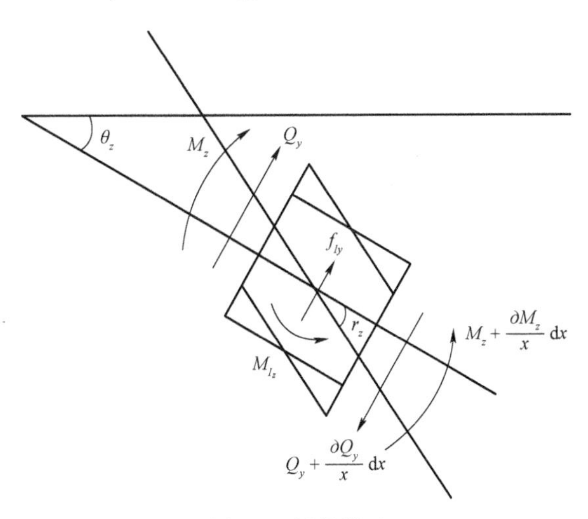

图 4.8　梁的微元

Timoshenko 理论考虑了梁/柱结构的转动惯量和剪切变形[13]，因此更适合应用于长细比较小的梁/柱结构。转动变量表示为：

$$M_{I_z}=\rho I_z\frac{\partial^2\theta_z}{\partial t^2} \tag{4.41}$$

剪切变形由剪力引起，关系式为：

$$Q_y=\kappa GAr_z=\alpha r_z \tag{4.42}$$

式中，$\alpha=\kappa GA$，κ 为与截面形状相关的常数（矩形截面 $\kappa=5/6$）。力的平衡方程为：

$$\rho A\frac{\partial^2 u_y}{\partial t^2}=\frac{\partial Q_y}{\partial x} \tag{4.43}$$

弯矩的平衡方程为：

$$Q_y = \frac{\partial M_z}{\partial x} + \rho I_z \frac{\partial^2 \theta_z}{\partial t^2} \tag{4.44}$$

将式（4.40）和式（4.42）代入式（4.43）和式（4.44），得到：

$$\rho A \frac{\partial^2 Y}{\partial t^2} + EI \frac{\partial^4 Y}{\partial x^4} - \frac{EI\rho A}{\alpha} \frac{\partial^4 Y}{\partial x^2 \partial t^2} - \rho I \frac{\partial^4 Y}{\partial x^2 \partial t^2} + \frac{\rho^2 IA}{\alpha} \frac{\partial^4 Y}{\partial t^4} = 0 \tag{4.45}$$

式中，Y 可以表示位移 u_y 或者转角 θ_z。对式（4.45）进行傅里叶变换得到：

$$-\rho A\omega^2 \hat{Y} + E^* I \frac{\mathrm{d}^4 \hat{Y}}{\mathrm{d}x^4} + \frac{E^* I \rho A \omega^2}{\alpha} \frac{\mathrm{d}^2 \hat{Y}}{\mathrm{d}x^2} + \rho I \omega^2 \frac{\mathrm{d}^2 \hat{Y}}{\mathrm{d}x^2} + \frac{\rho^2 IA\omega^4}{\alpha} \hat{Y} = 0 \tag{4.46}$$

根据上式，可以得到位移 u_y 和转角 θ_z 的表达式：

$$\hat{u}_y = C_1 \cos k_1^{\mathrm{b}} x + C_2 \sin k_1^{\mathrm{b}} x + C_3 \cosh k_2^{\mathrm{b}} x + C_4 \sinh k_2^{\mathrm{b}} x \tag{4.47}$$

$$\hat{\theta}_z = C_1' \cos k_1^{\mathrm{b}} x + C_2' \sin k_1^{\mathrm{b}} x + C_3' \cosh k_2^{\mathrm{b}} x + C_4' \sinh k_2^{\mathrm{b}} x \tag{4.48}$$

其中，

$$(k_1^{\mathrm{b}})^2 = \frac{A_1 + B_1 + \sqrt{(A_1 + B_1)^2 + 4B_1(\alpha^2 - A_1)}}{2\alpha E^* I}$$

$$(k_2^{\mathrm{b}})^2 = -\frac{A_1 + B_1 - \sqrt{(A_1 + B_1)^2 + 4B_1(\alpha^2 - A_1)}}{2\alpha E^* I}$$

其中，

$$A_1 = \alpha \rho I \omega^2,\ B_1 = E^* I \rho A \omega^2$$

为了得到位移 u_y 与角 θ_z 的关系，将式（4.40）和式（4.42）代入式（4.43），并进行傅里叶变换得到：

$$\frac{\rho A \omega^2}{\alpha} \hat{u}_y + \frac{\mathrm{d}^2 \hat{u}_y}{\mathrm{d}x^2} = \frac{\mathrm{d}\hat{\theta}_z}{\mathrm{d}x} \tag{4.49}$$

分别将位移 u_y 和转角 θ_z 的表达式代入二者的关系式（4.49）中，可以用位移表达式（4.47）中的系数 $C_1 \sim C_4$ 代替转角表达式（4.48）中的系数 $C_1' \sim C_4'$：

$$\begin{bmatrix} C_1' \\ C_2' \\ C_3' \\ C_4' \end{bmatrix} = \begin{bmatrix} Z_1 C_1 \\ -Z_1 C_2 \\ Z_3 C_3 \\ Z_3 C_4 \end{bmatrix} \tag{4.50}$$

其中，

$$Z_1 = \frac{\rho A \omega^2 - \alpha (k_1^{\mathrm{b}})^2}{\alpha k_1^{\mathrm{b}}} \tag{4.51}$$

$$Z_3 = \frac{\rho A\omega^2 + \alpha(k_2^{\mathrm{b}})^2}{\alpha k_2^{\mathrm{b}}} \tag{4.52}$$

此时，便可以通过系数 $C_1 \sim C_4$ 表达梁/柱结构两端的位移和转角：

$$\begin{bmatrix} \hat{u}_{1y} \\ \hat{\theta}_{1z} \\ \hat{u}_{2y} \\ \hat{\theta}_{2z} \end{bmatrix} = \begin{bmatrix} 1 & 0 & 1 & 0 \\ Z_1 & 0 & Z_3 & 0 \\ \cos k_1^{\mathrm{b}}L & \sin k_1^{\mathrm{b}}L & \cosh k_2^{\mathrm{b}}L & \sinh k_2^{\mathrm{b}}L \\ Z_1\cos k_1^{\mathrm{b}}L & -Z_1\sin k_1^{\mathrm{b}}L & Z_3\cosh k_2^{\mathrm{b}}L & Z_3\sinh k_2^{\mathrm{b}}L \end{bmatrix} \begin{bmatrix} C_1 \\ C_2 \\ C_3 \\ C_4 \end{bmatrix} = \boldsymbol{X}^{\mathrm{b}} \begin{bmatrix} C_1 \\ C_2 \\ C_3 \\ C_4 \end{bmatrix} \tag{4.53}$$

而结构两端的剪力和弯矩则表示为：

$$\begin{bmatrix} \hat{Q}_{1y} \\ \hat{M}_{1z} \\ \hat{Q}_{2y} \\ \hat{M}_{2z} \end{bmatrix} = \begin{bmatrix} -\alpha Z_1 & \alpha k_{\mathrm{b}1} & -\alpha Z_3 & \alpha k_2^{\mathrm{b}} \\ 0 & -E^* I_z Z_1 k_1^{\mathrm{b}} & 0 & E^* I_z Z_3 k_2^{\mathrm{b}} \\ \alpha(k_1^{\mathrm{b}}s + Z_1 c) & -\alpha(k_1^{\mathrm{b}}c + Z_1 s) & -\alpha(k_2^{\mathrm{b}}\mathrm{sh} - Z_3\mathrm{ch}) & -\alpha(k_2^{\mathrm{b}}\mathrm{ch} - Z_3\mathrm{sh}) \\ E^* I_z Z_1 k_1^{\mathrm{b}} s & E^* I_z Z_1 k_1^{\mathrm{b}} s & -E^* I_z Z_3 k_2^{\mathrm{b}}\mathrm{sh} & -E^* I_z Z_3 k_2^{\mathrm{b}}\mathrm{ch} \end{bmatrix} \begin{bmatrix} C_1 \\ C_2 \\ C_3 \\ C_4 \end{bmatrix} \tag{4.54}$$

$$= \boldsymbol{Y}^{\mathrm{b}} \begin{bmatrix} \mathrm{C}_1 \\ C_2 \\ C_3 \\ C_4 \end{bmatrix}$$

式中，$s = \sin k_1^{\mathrm{b}}L,\ c = \cos k_1^{\mathrm{b}}L,\ \mathrm{sh} = \sinh k_2^{\mathrm{b}}L,\ \mathrm{ch} = \cosh k_2^{\mathrm{b}}L$ 。

4.1.3.3　实例：剪力作用下的梁/柱结构动力求解

为了验证梁/柱结构在弯矩振动下的谱单元模型的准确性，以悬臂梁/柱结构为例，分别采用解析法、谱单元法和有限元法计算结构的自振频率及动力响应。

图 4.9 为一个均匀的混凝土悬臂梁/柱结构，自由端受单位扫频荷载 $\hat{P}_y(\omega) = 1\ \mathrm{N/Hz}$ 激励。梁/柱结构的轴惯性矩为 $I_z = 5.21\times10^{-3}\ \mathrm{m}^4$ 。分别采用基于 Euler-Bernoulli 理论的谱单元法、基于 Timoshenko 理论的谱单元法以及有限元法（基于 Timoshenko 理论）计算悬臂梁/柱结构的振动响应。在数值计算中，将梁/柱结构划分成 2 个 2 m 长的单元。图 4.10 为中点 O 的位移响应频谱。

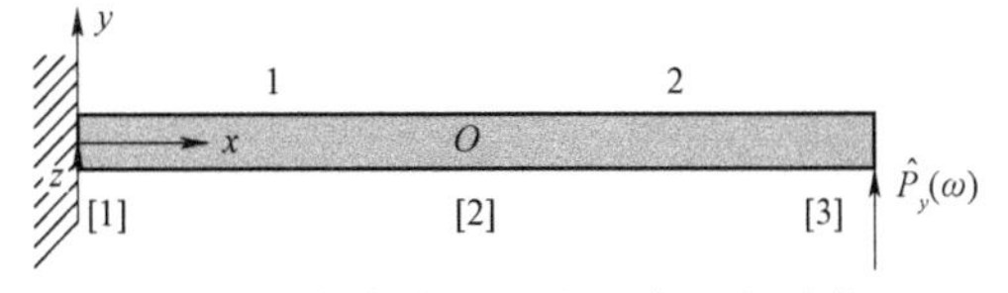

图 4.9　剪力作用下的悬臂梁/柱结构

通过解析法计算可得，当结构承受静荷载时，即频率为 0 时，O 点的位移大小为：

$$u_{2y}=\frac{P_y}{EI_z}\left(\frac{1}{2}Lx^2-\frac{1}{6}x^3\right)\bigg|_{x=2}=3.65\times10^{-8}\ \text{m} \tag{4.55}$$

悬臂梁/柱结构的弯曲振动的自振频率可以通过以下平衡方程得到：

$$\frac{E^*I_z}{1-c\bullet\text{ch}}[(k^{\text{b}})^3(s\bullet\text{ch}+c\bullet\text{sh})\bullet u_{3y}(k^{\text{b}})^2s\bullet\text{sh}\bullet\theta_{3z}]=\hat{Q}_{3y} \tag{4.56}$$

$$\frac{E^*I_z}{1-c\bullet\text{ch}}[-(k^{\text{b}})^2s\bullet\text{sh}\bullet u_{3y}+(k^{\text{b}})^3(s\bullet\text{ch}-c\bullet\text{sh})\bullet\theta_{3z}]=\hat{M}_{3z} \tag{4.57}$$

梁/柱结构在自由振动状态下，剪力$\hat{Q}_{3y}=0$且弯矩$\hat{M}_{3z}=0$，为保证上式$\hat{u}_{3y}$与$\hat{\theta}_{3z}$有解，需要满足：

$$s^2=(c\bullet\text{sh})^2 \tag{4.58}$$

计算得到前三阶自振频率：

$$f_1=\frac{1.875^2}{2\pi}\sqrt{\frac{EI_z}{\rho AL^4}}=19\ \text{Hz}$$

$$f_2=\frac{4.694^2}{2\pi}\sqrt{\frac{EI_z}{\rho AL^4}}=118\ \text{Hz}$$

$$f_3=\frac{7.855^2}{2\pi}\sqrt{\frac{EI_z}{\rho AL^4}}=331\ \text{Hz}$$

分别采用传统的有限元法与本节所述的谱单元法计算结构的振动响应，结果如图 4.10 所示，可以看出：

（1）0 Hz 频率下对应的位移响应为3.65×10^{-8} m，与静力状态下的位移响应一致；

（2）将基于 Euler-Bernoulli 理论与基于 Timoshenko 理论的谱单元法计算结果进行对比，在 1～60 Hz 频段内，计算结果几乎一致；然而当频率高于 60 Hz 时，基于 Euler-Bernoulli 理论的谱单元法得到的主频偏高，这意味着当需要分析高频动力特性时，Euler-Bernoulli 理论不再适用；

（3）基于 Timoshenko 理论，谱单元法和有限元法的计算结果在 0～300 Hz 一致；当频率高于 300 Hz 时，有限元法的计算结果与谱单元法相比，产生较大偏差；

（4）由以上分析可知，谱单元法可以较为准确地计算得到 0～2 000 Hz 内悬臂梁/柱结构弯曲振动下的响应和共振频率值，有限元法在 300 Hz 以内频段计算结果较为准确，但随着频率的增加，计算结果误差越来越大。

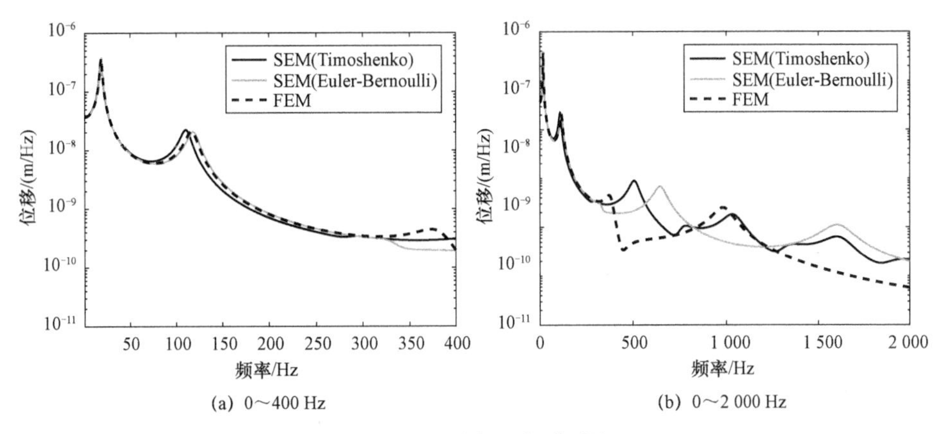

(a) 0～400 Hz　　(b) 0～2 000 Hz

图 4.10　*O* 点位移频谱对比

4.2　平面框架结构的谱单元模型计算

在完成上述梁/柱结构的动态形函数和动刚度矩阵的推导及程序编写后，后续求解过程，如单元坐标系的转换、动刚度矩阵的集成、结构动力响应的频域求解，均与有限元法求解思路相同。

图 4.11 为一个 3 层单跨的混凝土平面结构，顶层受单位扫频荷载 $\hat{P}_x(\omega)$ 激励，底端固定。柱的宽度 $h_c = 0.25$ m，长度 $l_c = 3$ m；梁的宽度 $h_b = 0.2$ m，长度 $l_b = 5$ m。

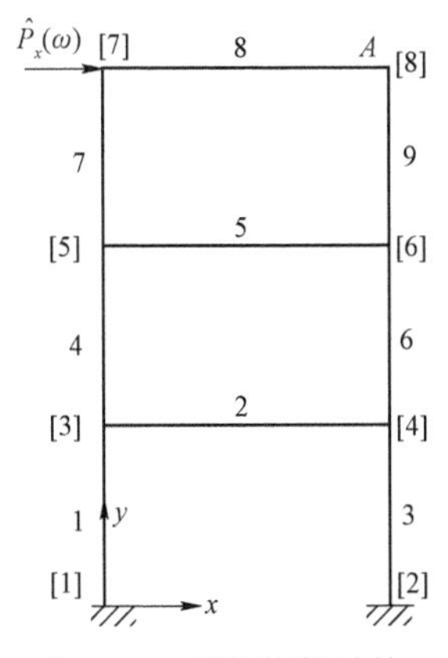

图 4.11　平面框架结构

采用谱单元法进行建模时，不在梁/柱结构内部划分节点，因此结构的节点编号为[1]～[8]，单元编号为 1～9。平面框架结构中的梁/柱结构均采用平面梁/柱单元进行模拟，考虑轴向变形和弯曲变形。在每个单元的局部坐标系下，两端节点位移向量表示为：

$$\hat{\hat{\boldsymbol{u}}}=\left[\hat{\hat{u}}_{x1}\quad \hat{\hat{u}}_{y1}\quad \hat{\hat{\theta}}_{z1}\quad \hat{\hat{u}}_{x2}\quad \hat{\hat{u}}_{y2}\quad \hat{\hat{\theta}}_{z2}\right]^{\mathrm{T}}$$

力向量表示为：

$$\hat{\hat{\boldsymbol{F}}}=\left[\hat{\hat{F}}_{x1}\quad \hat{\hat{F}}_{y1}\quad \hat{\hat{M}}_{z1}\quad \hat{\hat{F}}_{x2}\quad \hat{\hat{F}}_{y2}\quad \hat{\hat{M}}_{z2}\right]^{\mathrm{T}}$$

局部坐标系下的平面梁/柱单元动刚度矩阵为一个 6×6 的矩阵 $\bar{\boldsymbol{K}}_{\mathrm{e}}^{\mathrm{p}}$，其中包含了前文所述轴向振动动刚度矩阵 $\boldsymbol{K}_{\mathrm{e}}^{\mathrm{a}}$ 中的元素 k_{ij}^{a} 和考虑弯曲振动动刚度矩阵 $\boldsymbol{K}_{\mathrm{e}}^{\mathrm{b}}$ 中的元素 k_{ij}^{b}：

$$\bar{\boldsymbol{K}}_{\mathrm{e}}^{\mathrm{p}}=\begin{bmatrix} k_{11}^{\mathrm{a}} & 0 & 0 & k_{12}^{\mathrm{a}} & 0 & 0 \\ 0 & k_{11}^{\mathrm{b}} & k_{12}^{\mathrm{b}} & 0 & k_{13}^{\mathrm{b}} & k_{14}^{\mathrm{b}} \\ 0 & k_{21}^{\mathrm{b}} & k_{22}^{\mathrm{b}} & 0 & k_{23}^{\mathrm{b}} & k_{24}^{\mathrm{b}} \\ k_{21}^{\mathrm{a}} & 0 & 0 & k_{22}^{\mathrm{a}} & 0 & 0 \\ 0 & k_{31}^{\mathrm{b}} & k_{32}^{\mathrm{b}} & 0 & k_{33}^{\mathrm{b}} & k_{34}^{\mathrm{b}} \\ 0 & k_{41}^{\mathrm{b}} & k_{42}^{\mathrm{b}} & 0 & k_{43}^{\mathrm{b}} & k_{44}^{\mathrm{b}} \end{bmatrix} \tag{4.59}$$

首先将局部坐标系下的单元动刚度矩阵转换到整体坐标系中，再将单元动刚度矩阵集成至整个结构的动刚度矩阵。如图 4.12 所示，通过将整体坐标系 xOy 旋转角度 γ，得到局部坐标系 $\bar{x}O\bar{y}$。在整体坐标系中，向量 $\overrightarrow{OA}$ 可以表示为 (x,y)，那么在局部坐标系中，向量 $\overrightarrow{OA}$ 则表示为 $(\bar{x},\bar{y})$：

$$\begin{bmatrix}\bar{x}\\ \bar{y}\end{bmatrix}=\begin{bmatrix}\cos\gamma & \sin\gamma\\ -\sin\gamma & \cos\gamma\end{bmatrix}\begin{bmatrix}x\\ y\end{bmatrix} \tag{4.60}$$

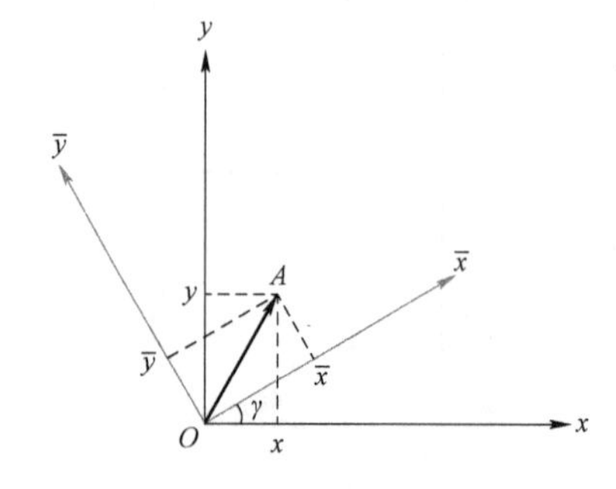

图 4.12 平面坐标系转换

在平面结构中，节点转角 θ_z 不随着坐标系的转换而变化，那么根据向量在不同坐标系下的转换关系式（4.60），节点广义位移向量在局部坐标系与整体坐标系下的表达式关系可以表示为：

$$\begin{bmatrix} \hat{\hat{u}}_x \\ \hat{\hat{u}}_y \\ \hat{\hat{\theta}}_z \end{bmatrix} = \begin{bmatrix} \cos\gamma & \sin\gamma & 0 \\ -\sin\gamma & \cos\gamma & 0 \\ 0 & 0 & 1 \end{bmatrix} \begin{bmatrix} \hat{u}_x \\ \hat{u}_y \\ \hat{\theta}_z \end{bmatrix} = \boldsymbol{R}^{\mathrm{p}} \begin{bmatrix} \hat{u}_x \\ \hat{u}_y \\ \hat{\theta}_z \end{bmatrix} \tag{4.61}$$

单元位移向量的关系为：

$$\hat{\hat{\boldsymbol{u}}} = \begin{bmatrix} \boldsymbol{R}^{\mathrm{p}} & \boldsymbol{0} \\ \boldsymbol{0} & \boldsymbol{R}^{\mathrm{p}} \end{bmatrix} \hat{\boldsymbol{u}} = \boldsymbol{T}^{\mathrm{p}} \hat{\boldsymbol{u}} \tag{4.62}$$

式中，$\boldsymbol{T}^{\mathrm{p}}$ 为坐标转换矩阵。单元力向量的关系为：

$$\hat{\hat{\boldsymbol{F}}} = \boldsymbol{T}\hat{\boldsymbol{F}} \tag{4.63}$$

整体坐标系下的单元力向量 $\hat{\boldsymbol{F}}$ 与单元位移向量 $\hat{\boldsymbol{u}}$ 的关系为：

$$\hat{\boldsymbol{F}} = (\boldsymbol{T}^{\mathrm{p}})^{-1} \bar{\boldsymbol{K}}_{\mathrm{e}}^{\mathrm{p}} \boldsymbol{T}^{\mathrm{p}} \hat{\boldsymbol{u}} = \boldsymbol{K}_{\mathrm{e}}^{\mathrm{p}} \hat{\boldsymbol{u}} \tag{4.64}$$

式中，$\boldsymbol{K}_{\mathrm{e}}^{\mathrm{p}} = \bar{\boldsymbol{K}}_{\mathrm{e}}^{\mathrm{p}} \boldsymbol{T}^{\mathrm{p}}$，即为平面框架结构单元在整体坐标系下的动刚度矩阵。将单元动刚度矩阵集成，通过结构的边界条件，即可计算出结构的振动响应。

为验证谱单元法计算结果的准确性，采用有限元法对该平面结构进行建模计算。考虑到用有限元法建模时，单元网格尺寸的选择对计算结果有影响，因此根据网格划分的不同分别建立 3 种有限元模型进行计算，如图 4.13 所示。

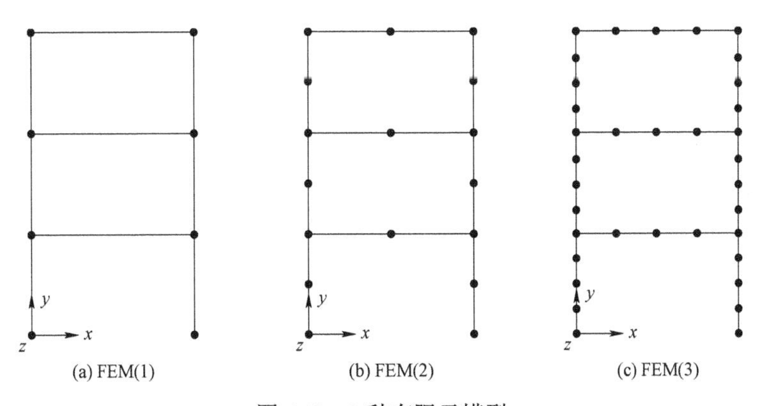

图 4.13　3 种有限元模型

结构在不同频率下呈现不同的振型，图 4.14 为结构的前三阶振型及其对应的自振频率。

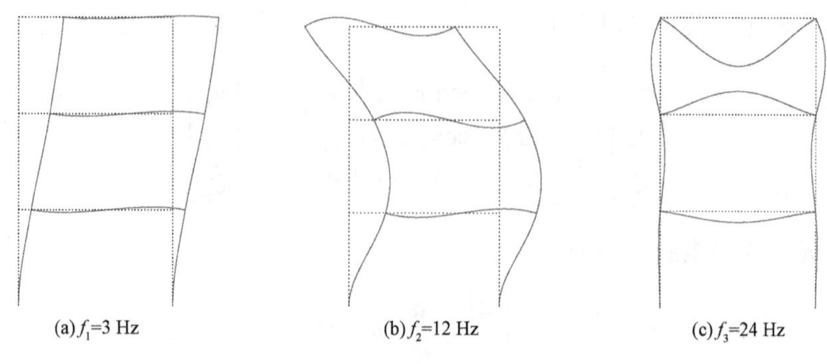

图 4.14 自振频率与振型

提取图 4.11 中 *A* 点 *x* 方向位移响应，对比谱单元模型以及 3 种有限元模型的计算结果如图 4.15 所示。可以看出，0～50 Hz 频段内两种方法的位移结果一致；50～100 Hz 频段内，谱单元模型与 FEM（3）一致，但是 FEM（2）的结果则出现轻微偏离，FEM（1）的结果出现明显偏离。一般认为有限元模型单元网格尺寸越小，计算结果越准确，因此可知谱单元法得到的结果准确度较高。

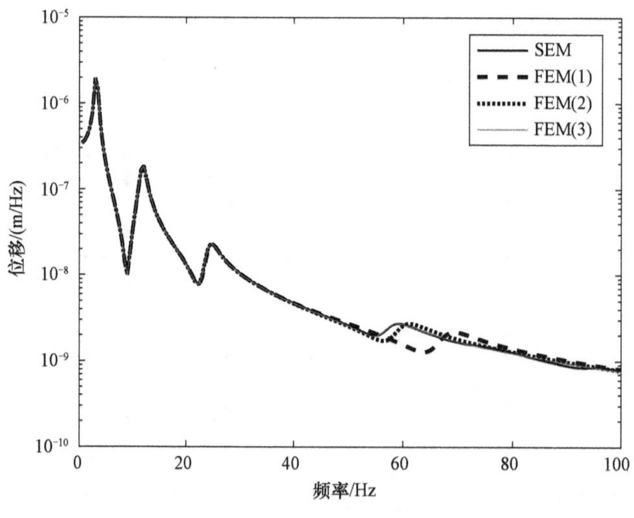

图 4.15 *A* 点 *x* 方向位移频谱

4.3　空间框架结构的谱单元模型计算

图 4.16 为一个由梁/柱结构组成的 3 层空间框架结构，顶部角点受 x 方向单位扫频荷载 $\hat{P}_x(\omega)$ 作用。柱的长度为 3 m，截面为 0.25 m×0.25 m 的矩形；梁的长度为 5 m，截面为 0.2 m×0.2 m 的矩形。

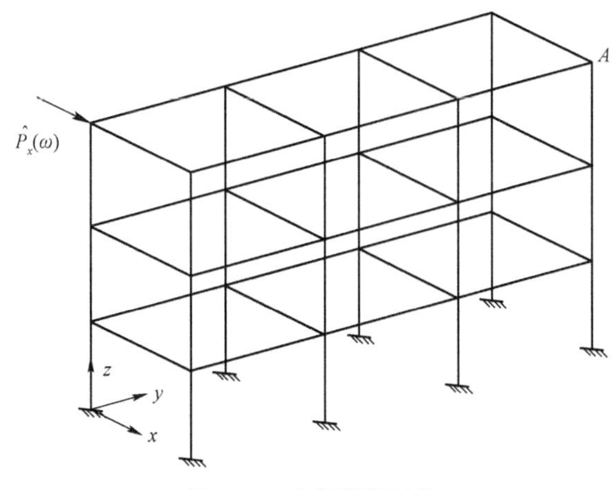

图 4.16　空间框架结构

采用谱单元法建立模型时，框架结构中的梁和柱以梁/柱单元模拟，并且不在梁/柱结构内部划分节点。在计算中，考虑单元中的轴向振动、弯曲振动以及扭转振动。节点自由度为 3 个平动自由度和 3 个转动自由度。

在局部坐标系下，单元力向量与单元位移向量的关系可以表示为：

$$\hat{\boldsymbol{F}} = \bar{\boldsymbol{K}}_{\mathrm{e}}^{\mathrm{s}} \hat{\boldsymbol{u}} \tag{4.65}$$

式中，$\bar{\boldsymbol{K}}_{\mathrm{e}}^{\mathrm{s}}$ 为局部坐标系下的单元动刚度矩阵，由轴向振动、扭转振动和弯曲振动动刚度矩阵中的元素组成，将上式展开如下：

$$
\begin{bmatrix} \hat{\bar{F}}_{x1} \\ \hat{\bar{F}}_{y1} \\ \hat{\bar{F}}_{z1} \\ \hat{\bar{M}}_{x1} \\ \hat{\bar{M}}_{y1} \\ \hat{\bar{M}}_{z1} \\ \hat{\bar{F}}_{x2} \\ \hat{\bar{F}}_{y2} \\ \hat{\bar{F}}_{z2} \\ \hat{\bar{M}}_{x2} \\ \hat{\bar{M}}_{y2} \\ \hat{\bar{M}}_{y2} \end{bmatrix} = \begin{bmatrix} k_{11}^{\mathrm{a}} & 0 & 0 & 0 & 0 & 0 & k_{12}^{\mathrm{a}} & 0 & 0 & 0 & 0 & 0 \\ 0 & k_{11}^{\mathrm{bz}} & 0 & 0 & 0 & k_{12}^{\mathrm{bz}} & 0 & k_{13}^{\mathrm{bz}} & 0 & 0 & 0 & k_{14}^{\mathrm{bz}} \\ 0 & 0 & k_{11}^{\mathrm{by}} & 0 & k_{12}^{\mathrm{by}} & 0 & 0 & 0 & k_{13}^{\mathrm{by}} & 0 & k_{14}^{\mathrm{by}} & 0 \\ 0 & 0 & 0 & k_{11}^{\mathrm{t}} & 0 & 0 & 0 & 0 & 0 & k_{12}^{\mathrm{t}} & 0 & 0 \\ 0 & 0 & k_{21}^{\mathrm{by}} & 0 & k_{22}^{\mathrm{by}} & 0 & 0 & 0 & k_{23}^{\mathrm{by}} & 0 & k_{24}^{\mathrm{by}} & 0 \\ 0 & k_{21}^{\mathrm{bz}} & 0 & 0 & 0 & k_{22}^{\mathrm{bz}} & 0 & k_{23}^{\mathrm{bz}} & 0 & 0 & 0 & k_{24}^{\mathrm{bz}} \\ k_{21}^{\mathrm{a}} & 0 & 0 & 0 & 0 & 0 & k_{22}^{\mathrm{a}} & 0 & 0 & 0 & 0 & 0 \\ 0 & k_{31}^{\mathrm{bz}} & 0 & 0 & 0 & k_{32}^{\mathrm{bz}} & 0 & k_{33}^{\mathrm{bz}} & 0 & 0 & 0 & k_{34}^{\mathrm{bz}} \\ 0 & 0 & k_{31}^{\mathrm{by}} & 0 & k_{32}^{\mathrm{by}} & 0 & 0 & 0 & k_{33}^{\mathrm{by}} & 0 & k_{34}^{\mathrm{by}} & 0 \\ 0 & 0 & 0 & k_{21}^{\mathrm{t}} & 0 & 0 & 0 & 0 & 0 & k_{22}^{\mathrm{t}} & 0 & 0 \\ 0 & 0 & k_{41}^{\mathrm{by}} & 0 & k_{42}^{\mathrm{by}} & 0 & 0 & 0 & k_{43}^{\mathrm{by}} & 0 & k_{44}^{\mathrm{by}} & 0 \\ 0 & k_{41}^{\mathrm{bz}} & 0 & 0 & 0 & k_{42}^{\mathrm{bz}} & 0 & k_{43}^{\mathrm{bz}} & 0 & 0 & 0 & k_{44}^{\mathrm{bz}} \end{bmatrix} \begin{bmatrix} \hat{\bar{u}}_{x1} \\ \hat{\bar{u}}_{y1} \\ \hat{\bar{u}}_{z1} \\ \hat{\bar{\theta}}_{x1} \\ \hat{\bar{\theta}}_{y1} \\ \hat{\bar{\theta}}_{z1} \\ \hat{\bar{u}}_{x2} \\ \hat{\bar{u}}_{y2} \\ \hat{\bar{u}}_{z2} \\ \hat{\bar{\theta}}_{x2} \\ \hat{\bar{\theta}}_{y2} \\ \hat{\bar{\theta}}_{z2} \end{bmatrix} \tag{4.66}
$$

为了计算整体坐标系下力向量 $\widehat{\boldsymbol{F}}$ 与位移向量 $\widehat{\boldsymbol{u}}$ 的关系，需要引入坐标转换矩阵。这里将文献[39]中刚度矩阵的坐标转换方法进行引述。为了得到整体坐标系与局部坐标系中的向量 $\hat{\boldsymbol{F}}$ 与 $\hat{\bar{\boldsymbol{F}}}$ 、$\hat{\boldsymbol{u}}$ 与 $\hat{\bar{\boldsymbol{u}}}$ 的关系，先以一个空间向量 $\overrightarrow{OB}$ 为例，计算其向量坐标在整体坐标系和局部坐标系中的关系。图 4.17 中有两个三维坐标系，其中 $O-xyz$ 为整体坐标系，$O-\overline{xyz}$ 为局部坐标系，向量 $\overrightarrow{OB}$ 表示一个与 $\bar{x}$ 轴重合的梁/柱单元。从整体坐标系转到局部坐标系需要经过 3 次坐标转换，首先绕 y 轴顺时针旋转 γ_y，然后绕 z 轴旋转 γ_z，最后绕 x 轴旋转 γ_x 使梁/柱单元的截面主坐标轴与 $\bar{y}$ 轴和 $\bar{z}$ 轴一致。经过 3 次坐标转换，向量 $\overrightarrow{OB}$ 在整体坐标系 $O-xyz$ 中的坐标与在局部坐标系 $O-\overline{xyz}$ 中的坐标的关系为：

$$
\begin{bmatrix} \bar{x}_{\mathrm{OB}} \\ \bar{y}_{\mathrm{OB}} \\ \bar{z}_{\mathrm{OB}} \end{bmatrix} = \boldsymbol{R}^{\mathrm{s}} \begin{bmatrix} x_{\mathrm{OB}} \\ y_{\mathrm{OB}} \\ z_{\mathrm{OB}} \end{bmatrix} \tag{4.67}
$$

其中，

$$
\begin{aligned}
\boldsymbol{R}^{\mathrm{s}} &= \begin{bmatrix} 1 & 0 & 0 \\ 0 & \cos\gamma_x & \sin\gamma_x \\ 0 & -\sin\gamma_x & \cos\gamma_x \end{bmatrix} \begin{bmatrix} \cos\gamma_z & \sin\gamma_z & 0 \\ -\sin\gamma_z & \cos\gamma_z & 0 \\ 0 & 0 & 1 \end{bmatrix} \begin{bmatrix} \cos\gamma_y & 0 & -\sin\gamma_y \\ 0 & 1 & 0 \\ \sin\gamma_y & 0 & \cos\gamma_y \end{bmatrix} \\
&= \begin{bmatrix} \cos\gamma_z\cos\gamma_y & 0 & \cos\gamma_z\sin\gamma_y \\ \sin\gamma_x\sin\gamma_y - \cos\gamma_x\sin\gamma_z\cos\gamma_y & \cos\gamma_x\cos\gamma_z & \sin\gamma_x\cos\gamma_y - \cos\gamma_x\sin\gamma_y\sin\gamma_z \\ \sin\gamma_x\sin\gamma_z\cos\gamma_y + \cos\gamma_x\sin\gamma_y & -\sin\gamma_x\cos\gamma_z & \sin\gamma_x\sin\gamma_y\sin\gamma_z + \cos\gamma_x\cos\gamma_y \end{bmatrix}
\end{aligned} \tag{4.68}
$$

其中，$\cos\gamma_y = x_{\mathrm{OB}} / l_1$，$\sin\gamma_y = -z_{\mathrm{OB}} / l_1$，$\cos\gamma_z = l_1 / l_2$，$\sin\gamma_z = y_{\mathrm{OB}} / l_2$，（$l_1 = x_{\mathrm{OB}}^2 + z_{\mathrm{OB}}^2, l_2 = x_{\mathrm{OB}}^2 + z_{\mathrm{OB}}^2 + y_{\mathrm{OB}}^2$），$\gamma_x$ 视结构的具体情况而定。

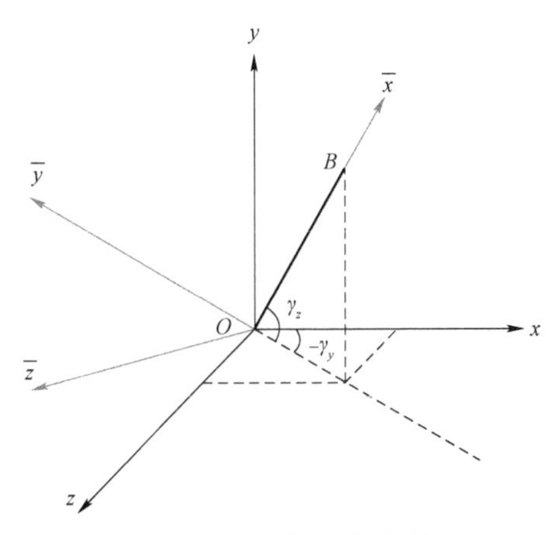

图 4.17　空间坐标系转换

基于上述坐标转换关系，梁/柱单元在整体坐标系与局部坐标系中的位移向量 $\hat{\boldsymbol{u}}$ 与 $\hat{\bar{\boldsymbol{u}}}$ 的关系为（力向量同位移向量）：

$$\hat{\bar{\boldsymbol{u}}} = \begin{bmatrix} \boldsymbol{R}^{\mathrm{s}} & \boldsymbol{0} & \boldsymbol{0} & \boldsymbol{0} \\ \boldsymbol{0} & \boldsymbol{R}^{\mathrm{s}} & \boldsymbol{0} & \boldsymbol{0} \\ \boldsymbol{0} & \boldsymbol{0} & \boldsymbol{R}^{\mathrm{s}} & \boldsymbol{0} \\ \boldsymbol{0} & \boldsymbol{0} & \boldsymbol{0} & \boldsymbol{R}^{\mathrm{s}} \end{bmatrix} \hat{\boldsymbol{u}} = \boldsymbol{T}^{\mathrm{s}} \hat{\boldsymbol{u}} \tag{4.69}$$

将式（4.69）代入局部坐标系下的平衡方程式（4.65），可以得到整体坐标系下的表达式：

$$\hat{\boldsymbol{F}} = (\boldsymbol{T}^{\mathrm{s}})^{-1} \overline{\boldsymbol{K}}_{\mathrm{e}}^{\mathrm{s}} \boldsymbol{T}^{\mathrm{s}} \hat{\boldsymbol{u}} = \boldsymbol{K}_{\mathrm{e}}^{\mathrm{s}} \hat{\boldsymbol{u}} \tag{4.70}$$

式中，$\boldsymbol{K}_{\mathrm{e}}^{\mathrm{s}}$ 即为整体坐标系下的动刚度矩阵。

为验证谱单元法计算结果的准确性，采用有限元法对该空间框架结构进行建模计算。考虑到用有限元法建模时，单元网格尺寸的选择对计算结果有影响，因此根据网格划分的不同分别建立 3 种有限元模型进行计算，如图 4.18 所示。

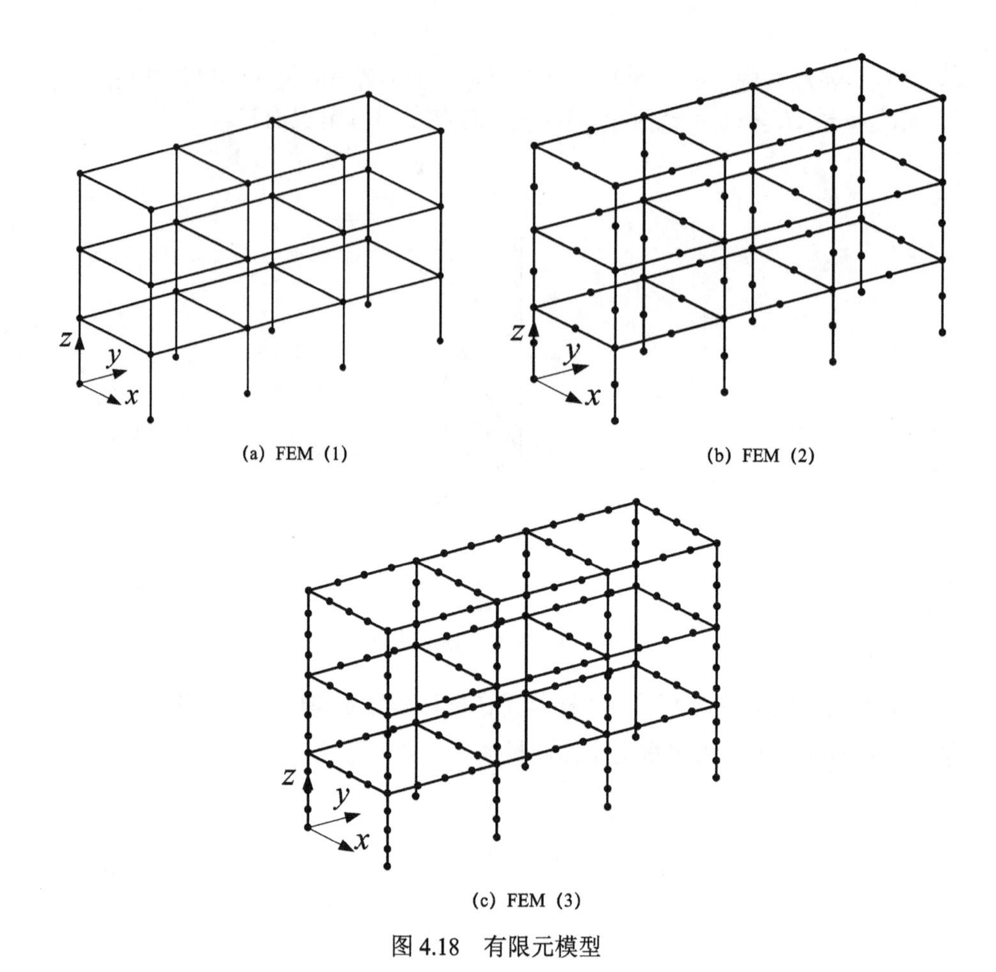

(a) FEM (1)　　(b) FEM (2)

(c) FEM (3)

图 4.18　有限元模型

结构的前 3 阶振型及其对应的自振频率如图 4.19 所示。

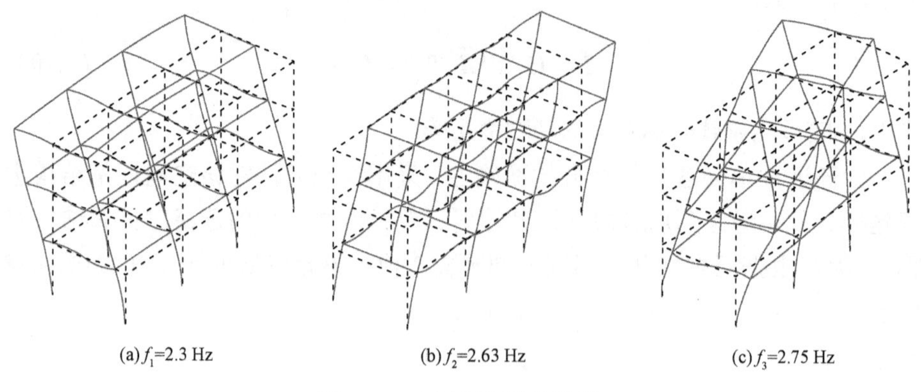

(a) f_1=2.3 Hz　　(b) f_2=2.63 Hz　　(c) f_3=2.75 Hz

图 4.19　空间框架结构振型

提取图 4.16 中 A 点 x 方向位移响应，对比谱单元模型以及 3 种有限元模型的计算结果如图 4.20 所示。可以看出，在 0～100 Hz 频段内，SEM 响应与 FEM（3）响应吻合良好，FEM（2）响应在 40 100 Hz 开始偏离，FEM（1）响应在 15 Hz 开始偏离，且在 30 Hz 以上出现明显误差。一般认为有限元模型单元网格尺寸越小，计算结果越准确，因此可知谱单元法得到的结果准确度较高。

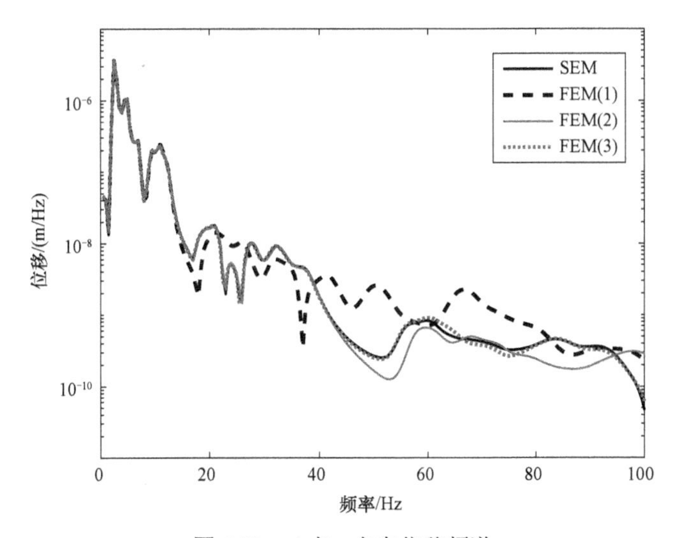

图 4.20　A 点 x 方向位移频谱

第 5 章

基于谱单元法的板结构动力模型研究

本章主要介绍板构件的谱单元建模方法。建模时，首先将二维板结构分为两个类一维子问题，采用有限条单元法与谱单元法相结合求解两个子问题，然后将两个子问题叠加，得到板构件的谱单元模型。

5.1 薄板弯曲理论

图 5.1 为一个长、宽、厚分别为 $2a$、$2b$ 和 h 的均质矩形薄板，设板的中面位于 xOy 平面上，中面的中心点位于坐标原点上；矩形板的四边分别为 L 边、R 边、D 边和 U 边，坐标方程依次为：$x=-a$、$x=a$、$y=-b$ 以及 $y=b$。由于板的平面内变形刚度较大，所以本章只考虑板的平面外振动，即弯曲振动。建筑结构中板的厚度通常远小于其长度和宽度，因此弯曲振动问题可以采用 Kirchhoff 薄板模型进行计算。Kirchhoff 薄板假定板在弯曲时，中面法线保持直线，不发生伸缩，且一直垂直于板的中面[141]。

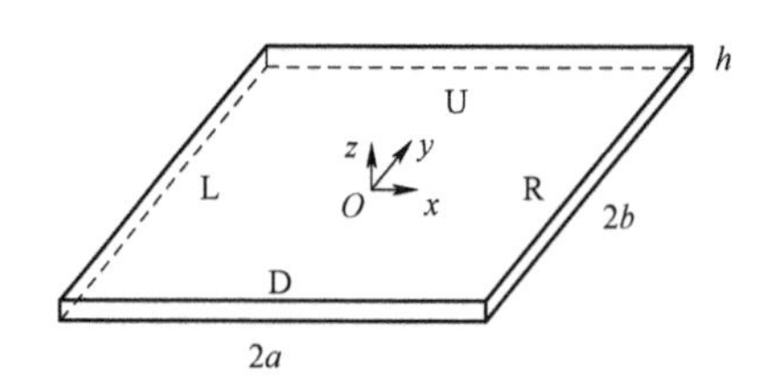

图 5.1 矩形薄板示意图

根据薄板的几何关系，可以得到应变与位移的关系如下：

$$\boldsymbol{\varepsilon}=\begin{bmatrix}\varepsilon_x\\ \varepsilon_y\\ \gamma_{xy}\end{bmatrix}=-z\begin{bmatrix}\dfrac{\partial^2 u_z}{\partial x^2}\\ \dfrac{\partial^2 u_z}{\partial y^2}\\ 2\dfrac{\partial^2 u_z}{\partial x\partial y}\end{bmatrix} \tag{5.1}$$

式中，ε为正应变，γ为切应变，u_z为 z 方向位移。根据薄板的物理方程，可以得到应力与应变的关系：

$$\boldsymbol{\sigma}=\begin{bmatrix}\sigma_x\\ \sigma_y\\ \tau_{xy}\end{bmatrix}=\frac{E}{1-\nu^2}\begin{bmatrix}1 & \nu & 0\\ \nu & 1 & 0\\ 0 & 0 & \dfrac{1-\nu}{2}\end{bmatrix}\boldsymbol{\varepsilon} \tag{5.2}$$

式中，σ为正应力，γ为切应力，ν为泊松比。根据 Hamilton 原理，同时对时间进行傅里叶变换，可以得到

$$\int_v \sigma\delta\overline{\boldsymbol{\varepsilon}}-\rho\omega^2 u_z\delta\overline{u}_z\mathrm{d}V=\int_v P_z\delta\overline{u}_z\mathrm{d}V \tag{5.3}$$

式中，δ表示变分，V为薄板体积，上标“—”表示共轭转置，P_z为 z 方向外力。将式（5.1）、式（5.2）代入式（5.3），得到薄板平面外振动的控制方程：

$$\begin{aligned}&\int_x\int_y D\left[\frac{\partial^2 u_z}{\partial x^2}\delta\frac{\partial^2\overline{u}_z}{\partial x^2}+\frac{\partial^2 u_z}{\partial y^2}\delta\frac{\partial^2\overline{u}_z}{\partial y^2}+\nu\frac{\partial^2 u_z}{\partial x^2}\delta\frac{\partial^2\overline{u}_z}{\partial y^2}+\nu\frac{\partial^2 u_z}{\partial y^2}\delta\frac{\partial^2\overline{u}_z}{\partial x^2}+\right.\\&\qquad\left.2(1-\nu)\frac{\partial^2 u_z}{\partial x\partial y}\delta\frac{\partial^2\overline{u}_z}{\partial x\partial y}\right]-\rho h\omega^2 u_z\delta\overline{u}_z\mathrm{d}x\mathrm{d}y\\&\qquad=\int_x\int_y hP_z\delta\overline{u}_z\mathrm{d}x\mathrm{d}y\end{aligned} \tag{5.4}$$

式中，抗弯刚度 $D=Eh^3/12(1-\nu^2)$。

5.2　板结构动力求解的谱单元法推导

谱单元法可以将位移表示成多个简谐波的叠加，通过控制方程和边界条件可以计算构件的形函数和动刚度矩阵，进而分析其动力响应。这种方法多用于一维结构的求解，而对于矩形薄板这样的二维结构，Park 等[42]将其分解为两个类一维问题，采用有限条单元法与谱单元法相结合的方法进行求解。本节将对 Park 等[42]的推导方法进行引述并分析，同时结合 Birgersson 等[40]的研究，将板

节点的自由度进行缩减。

5.2.1 二维问题的分解

对于一个矩形板，当一个方向上的对边为自由、简支、固定等典型边界条件时（以下称“典型对边”），可以在另一方向的对边上划分节点，并应用谱单元法求解，这种板只能在一个方向上与其他单元通过节点进行耦合。但是在建筑结构中，矩形板的四边均与梁耦合，因此需在板的四边划分节点，即需要求解任意边界条件下的板问题（任意边界并非自由边界，是指其边界各节点的位移可以根据实际情况分别指定）。

为了将矩形板结构转换为类一维问题，将板的原问题分解为两个具有“典型对边”的子问题：A 问题和 B 问题，如图 5.2 所示。其中，原问题的边界位移为 A、B 问题的边界位移之和，而位移场由边界条件决定，故原问题的位移场为 A、B 问题位移场之和，即 $u = u_{\mathrm{A}} + u_{\mathrm{B}}$。

在原问题中，板的 L、R、D、U 边的节点自由度位移向量为 $\boldsymbol{d} = \left(\boldsymbol{d}^{\mathrm{L}}, \boldsymbol{d}^{\mathrm{R}}, \boldsymbol{d}^{\mathrm{D}}, \boldsymbol{d}^{\mathrm{U}}\right)^{\mathrm{T}}$。A 问题的 D、U 边为自由边界，L、R 两边为任意边界，由节点自由度位移向量 $\boldsymbol{d}_{\mathrm{A}} = \left(\boldsymbol{d}^{\mathrm{L}}, \boldsymbol{d}^{\mathrm{R}}\right)^{\mathrm{T}}$ 表示，位移函数为 $u_{\mathrm{A}} = \boldsymbol{N}_{\mathrm{A}}\boldsymbol{d}_{\mathrm{A}}$，其中 $\boldsymbol{N}_{\mathrm{A}}$ 为形函数。B 问题的 L、R 边为固定边界，D、U 两边为任意边界，由节点自由度位移向量 $\boldsymbol{d}_{\mathrm{B}}$ 表示，其等于原问题的 D、U 边边界位移 $\left(\boldsymbol{d}^{\mathrm{D}}, \boldsymbol{d}^{\mathrm{U}}\right)^{\mathrm{T}}$，减去 A 问题在 D、U 边界的位移贡献量 $\hat{\boldsymbol{d}}_{\mathrm{AB}} = \left(\hat{\boldsymbol{d}}_{\mathrm{AB}}^{\mathrm{D}}, \hat{\boldsymbol{d}}_{\mathrm{AB}}^{\mathrm{U}}\right)^{\mathrm{T}}$，即 $\boldsymbol{d}_{\mathrm{B}} = \left(\boldsymbol{d}^{\mathrm{D}}, \boldsymbol{d}^{\mathrm{U}}\right)^{\mathrm{T}} - \left(\hat{\boldsymbol{d}}_{\mathrm{AB}}^{\mathrm{D}}, \hat{\boldsymbol{d}}_{\mathrm{AB}}^{\mathrm{U}}\right)^{\mathrm{T}}$。B 问题的位移函数为 $u_{\mathrm{B}} = \boldsymbol{N}_{\mathrm{B}}\boldsymbol{d}_{\mathrm{B}}$，$\boldsymbol{N}_{\mathrm{B}}$ 为形函数。

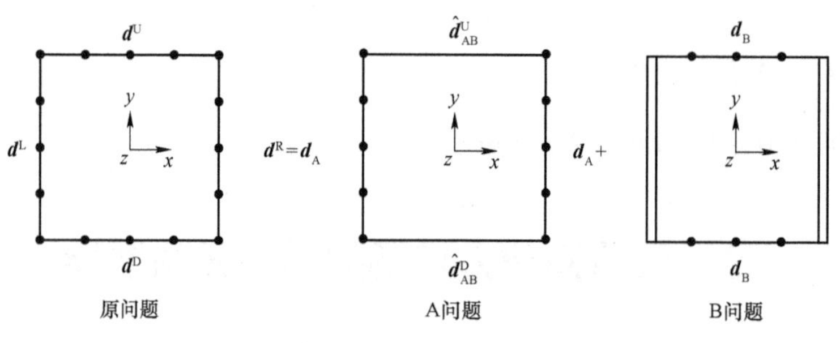

图 5.2 矩形板分解

5.2.2 子问题 A 求解

A 问题的研究对象为 D、U 边为自由边界，L、R 边为任意边界的单向板。单向板的形函数由有限条单元法和谱单元法联合推导而得，为了计算板的动力响应问题，还需要得到动刚度矩阵。

5.2.2.1　有限条单元（FSM）

根据有限条单元法，沿 y 方向将板均匀划分成 ny 个条形单元（见图 5.3），每个条形单元内部的位移通过 y 方向的多项式插值函数和两交线的位移函数表示。以第 j 个条形单元为例（见图 5.3（b）），在局部坐标系 $xy_{(j)}z$ 下，$y_{(j)} \in [0, l_y]$，条单元位移函数可以表示为：

$$u_{\mathrm{A}z}(x, y_{(j)}) = \begin{bmatrix} \boldsymbol{Z}_1(y_{(j)}) & \boldsymbol{Z}_2(y_{(j)}) \end{bmatrix} \begin{bmatrix} \boldsymbol{W}_{\mathrm{A}j}(x) \\ \boldsymbol{W}_{\mathrm{A},\,j+1}(x) \end{bmatrix} \tag{5.5}$$

其中，

$$\boldsymbol{W}_{\mathrm{A}j} = \begin{bmatrix} u_{\mathrm{A}1}(x, y_j) & \theta_{\mathrm{A}x1}(x, y_j) \end{bmatrix}^{\mathrm{T}} \quad (\theta_{\mathrm{A}x1} = \partial u_{\mathrm{A}z1} / \partial y_{(j)})$$

$$\boldsymbol{Z}_1(y_{(j)}) = \begin{bmatrix} 1 - 3\xi^2 + 2\xi^3 & l\xi - 2l\xi^2 + l\xi^3 \end{bmatrix} \quad (\xi = y_{(j)} / l,\ l = l_y)$$

$$\boldsymbol{Z}_2(y_{(j)}) = \begin{bmatrix} 3\xi^2 - 2\xi^3 & -l\xi^2 + l\xi^3 \end{bmatrix} \quad (\xi = y_{(j)} / l,\ l = l_y)$$

各条形单元在交线上保持位移连续，依此将各个条形单元集成，使 ny 个条形单元粘结成板，单向板 A 的位移可以表示为：

$$u_{\mathrm{A}z}(x, y) = \boldsymbol{Z}_{\mathrm{A}}(y)\ \boldsymbol{W}_{\mathrm{A}}(x) \tag{5.6}$$

式中，$\boldsymbol{W}_{\mathrm{A}}(x)$ 为各个交线上的位移函数向量，$\boldsymbol{Z}_{\mathrm{A}}(y)$ 为与交线位移函数对应的 y 方向插值函数向量：

$$\boldsymbol{W}_{\mathrm{A}}(x) = \begin{bmatrix} \boldsymbol{W}_{\mathrm{A}1}(x) & \boldsymbol{W}_{\mathrm{A}2}(x) & \cdots & \boldsymbol{W}_{\mathrm{A}ny+1}(x) \end{bmatrix}^{\mathrm{T}}$$

$$\boldsymbol{Z}_{\mathrm{A}} = [\boldsymbol{Z}_1(y_{(1)}) \quad \boldsymbol{Z}_2(y_{(1)}) + \boldsymbol{Z}_1(y_{(2)}) \quad \cdots \quad \boldsymbol{Z}_2(y_{(ny-1)}) + \boldsymbol{Z}_1(y_{(ny)}) \quad \boldsymbol{Z}_2(y_{(ny)})]$$

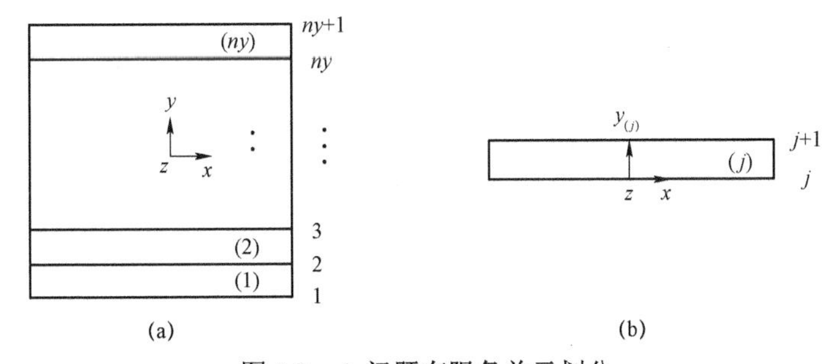

图 5.3　A 问题有限条单元划分

5.2.2.2　谱单元（SEM）

5.2.2.1 节基于有限条单元法将板的振动沿 y 方向的变化以插值的形式表示，那么 A 问题就变成了只需考虑板的振动沿 x 方向变化的类一维问题。当然，无论板的振动如何沿 x 方向变化，其 y 方向的变形必须符合有限条单元的插值变化规律。基于谱单元法的思想，可以将板沿 x 方向的振动表示成多个沿 x 方向传播的波的叠加，而这些波的特性符合板的弯曲振动控制方程。

将位移函数式（5.6）代入板的 Hamilton 方程式（5.4）中，在无外荷载作用下得到：

$$\left\{\boldsymbol{A}_1\frac{\partial^4}{\partial x^4}+[\nu(\boldsymbol{A}_2+\boldsymbol{A}_2^{\mathrm{T}})-2(1-\nu)\boldsymbol{A}_3]\frac{\partial^2}{\partial x^2}+\left(\boldsymbol{A}_4-\frac{\rho h\omega^2}{D}\boldsymbol{A}_1\right)\right\}\boldsymbol{W}_{\mathrm{A}}=\boldsymbol{0} \quad (5.7)$$

其中，

$$\boldsymbol{A}_1=\int_y \boldsymbol{Z}_{\mathrm{A}}^{\mathrm{T}}\boldsymbol{Z}_{\mathrm{A}}\mathrm{d}y\,,\quad \boldsymbol{A}_2=\int_y (\boldsymbol{Z}_{\mathrm{A}}'')^{\mathrm{T}}\boldsymbol{Z}_{\mathrm{A}}\mathrm{d}y\,,\quad \boldsymbol{A}_3=\int_y (\boldsymbol{Z}_{\mathrm{A}}')^{\mathrm{T}}\boldsymbol{Z}_{\mathrm{A}}'\mathrm{d}y\,,\quad \boldsymbol{A}_4=\int_y (\boldsymbol{Z}_{\mathrm{A}}'')^{\mathrm{T}}\boldsymbol{Z}_{\mathrm{A}}''\mathrm{d}y$$

交线上的位移函数可以表示为 x 方向波的叠加，即：

$$\boldsymbol{W}_{\mathrm{A}}(x,\omega)=\sum_i \phi_{\mathrm{A}i}(\omega)\cdot \mathrm{e}^{-ik_{\mathrm{A}i}(\omega)x}\cdot a_{\mathrm{A}i}(\omega) \quad (5.8)$$

将式（5.8）代入式（5.7），通过求解薄板特征方程可得到特征值 $k_{\mathrm{A}i}(\omega)(i=1,2,\cdots,8(ny+1))$，即为 x 方向的波数，其中波数两两互为相反数，表示波沿 x 方向的正反方向传播。每个特征波数对应一个特征向量 $\boldsymbol{\phi}_{\mathrm{A}i}(\omega)=\left(\phi_{\mathrm{A}i}^1 \quad \phi_{\mathrm{A}i}^2 \quad \cdots \quad \phi_{\mathrm{A}i}^{2(ny+1)}\right)^{\mathrm{T}}$，即薄板沿 y 方向的截面振型。$a_{\mathrm{A}i}(\omega)$ 为波的幅值。式（5.8）可以写为：

$$\boldsymbol{W}_{\mathrm{A}}(x,\omega)=\boldsymbol{\phi}_{\mathrm{A}}\cdot \boldsymbol{E}_{\mathrm{A}}\cdot \boldsymbol{a}_{\mathrm{A}} \quad (5.9)$$

其中，

$$\boldsymbol{\phi}_{\mathrm{A}}=\begin{bmatrix}\phi_{\mathrm{A}1}^1 & \cdots & \phi_{\mathrm{A}8(ny+1)}^1\\ \vdots & & \vdots\\ \phi_{\mathrm{A}1}^{2(ny+1)} & \cdots & \phi_{\mathrm{A}8(ny+1)}^{2(ny+1)}\end{bmatrix},\quad \boldsymbol{E}_{\mathrm{A}}=\begin{bmatrix}\mathrm{e}^{-ik_{\mathrm{A}1}x} & & & \\ & \mathrm{e}^{-ik_{\mathrm{A}2}x} & & \\ & & \ddots & \\ & & & \mathrm{e}^{-ik_{\mathrm{A}8(ny+1)}x}\end{bmatrix},\quad \boldsymbol{a}_{\mathrm{A}}=\begin{bmatrix}a_{\mathrm{A}1}\\ a_{\mathrm{A}2}\\ \vdots\\ a_{\mathrm{A}8(ny+1)}\end{bmatrix}$$

若有一矩形板，四边边长均为 $L^{\mathrm{p}}=4$ m，厚度 $h=2$ m，弹性模量 $E=35$ GPa，泊松比 $\nu=0.3$，密度 $\rho=2\,500$ kg/m³，不考虑阻尼影响（本章所有算例均采用此几何材料参数，后文不再赘述）。在 0～250 Hz 频段内求解上述特征值问题，将得到的特征波数绘制成频散曲线，如图 5.4 所示。图中，实部为正表示波沿 x 轴正方向传播，实部为负表示波沿 x 轴负方向传播。在 0～250 Hz 内，x 方向主要包括 4 对正负方向传播的波，每种波对应的 y 方向的截面振型如图 5.4 所示。在截止频率为 60 Hz 左右时，第 3 阶波出现；在截止频率为 180 Hz 左右时，第 4 阶波出现。由此可知，随着频率的升高，参与传播的波逐渐增多，且与之对应的 y 方向振型也趋于复杂。另外，每一条频散曲线的波数大小均随频率增

加而增加，说明随着频率增大，传播波的波长逐渐变小。

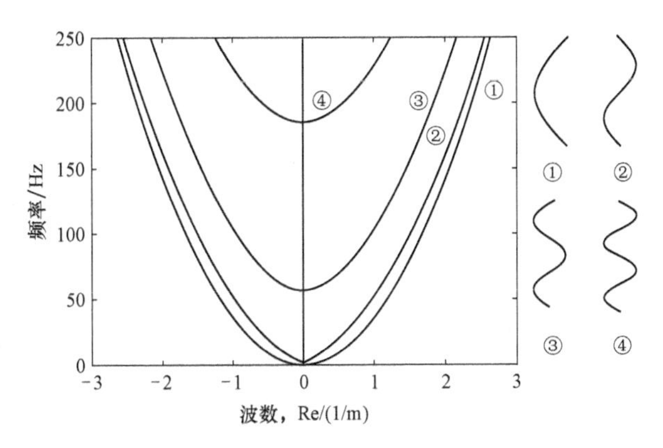

图 5.4　频散曲线及对应振型

为了求解波的幅值 a_{Ai}，需借助各个交线两端点处的位移值，即单向板 L、R 两边节点上的边界条件。利用如下含有未知常数 a_{Ai} 的交线位移函数式表示 L、R 边界节点的位移：

$$\begin{bmatrix} \boldsymbol{\phi}_{A}\boldsymbol{E}_{A}(-a) \\ \boldsymbol{\phi}_{A}\boldsymbol{E}'_{A}(-a) \\ \boldsymbol{\phi}_{A}\boldsymbol{E}_{A}(a) \\ \boldsymbol{\phi}_{A}\boldsymbol{E}'_{A}(a) \end{bmatrix} \boldsymbol{a}_{A} = \tilde{\boldsymbol{d}}_{A} \tag{5.10}$$

式中，$\tilde{\boldsymbol{d}}_{A}$ 为各节点自由度的广义位移向量，其中每个节点有 $u_{Az},\theta_{Ax},\theta_{Ay},\theta_{Axy}$ 这 4 个自由度。

为了分析框架结构中板的动力特性，需要将板结构与梁/柱结构耦合。本章所采用的节点自由度体系为传统的“三平动、三转动”自由度，即 $\left[u_x,u_y,u_z,\theta_x,\theta_y,\theta_z\right]^{\mathrm{T}}$。由于不考虑板的平面内变形，板的节点自由度设定为 $\left[u_z,\theta_x,\theta_y\right]^{\mathrm{T}}$。在前文对单向板问题进行求解时，每个节点需要提供 4 个自由度作为边界条件，为了使板单元与梁/柱单元的自由度一一对应，需要对板单元的节点自由度 θ_{Axy} 进行缩减，为此，对式（5.10）进行如下修正：

$$\boldsymbol{S}_{A}\begin{bmatrix} \boldsymbol{\phi}_{A}\boldsymbol{E}_{A}(-a) \\ \boldsymbol{\phi}_{A}\boldsymbol{E}'_{A}(-a) \\ \boldsymbol{\phi}_{A}\boldsymbol{E}_{A}(a) \\ \boldsymbol{\phi}_{A}\boldsymbol{E}'_{A}(a) \end{bmatrix} \boldsymbol{a}_{A} = \boldsymbol{S}_{A}\tilde{\boldsymbol{d}}_{A} = \boldsymbol{T}_{A}\boldsymbol{d}_{A} \tag{5.11}$$

令

$$\boldsymbol{H}_{\mathrm{A}} = \boldsymbol{S}_{\mathrm{A}} \begin{bmatrix} \boldsymbol{\phi}_{\mathrm{A}} \boldsymbol{E}_{\mathrm{A}}(-a) \\ \boldsymbol{\phi}_{\mathrm{A}} \boldsymbol{E}'_{\mathrm{A}}(-a) \\ \boldsymbol{\phi}_{\mathrm{A}} \boldsymbol{E}_{\mathrm{A}}(a) \\ \boldsymbol{\phi}_{\mathrm{A}} \boldsymbol{E}'_{\mathrm{A}}(a) \end{bmatrix}$$

式中，矩阵 $\boldsymbol{S}_{\mathrm{A}}$ 为选择矩阵，由行向量组成，每个行向量在与之对应节点自由度的位置上元素为 1，其余位置元素为 0，其目的是消除向量 $\tilde{\boldsymbol{d}}_{\mathrm{A}}$ 中的多余自由度 $\theta_{\mathrm{A}xy}$。$\boldsymbol{d}_{\mathrm{A}}$ 为节点位移向量，节点顺序为从左至右、从下至上，每个节点的自由度为 $\left(u_{\mathrm{A}z},\theta_{\mathrm{A}x},\theta_{\mathrm{A}y}\right)^{\mathrm{T}}$。$\boldsymbol{T}_{\mathrm{A}}$ 为转换矩阵，目的是调整节点自由度次序，使节点位移向量 $\boldsymbol{d}_{\mathrm{A}}$ 的顺序与等式左侧由波的叠加计算而得的自由度顺序一致。由于对节点位移量进行了消减，导致波的数量大于边界条件的数量，即式（5.11）为欠定方程组。

为了解决欠定方程组问题，参考文献[40]采用计权最小二乘法求解符合等式（5.11）的最优解。首先对式（5.11）中的各个叠加波进行计权。计权的原则是：选择对位移响应贡献大的波进行叠加，即降低波数较大的波的权重。这样做的原因有两点：一是波数较大的波波长短，沿 x 方向衰减很快，对位移函数的贡献不大；二是波数大的波 y 方向的截面振型复杂，y 方向节点数量可能不足以描述截面振型，这会导致高阶波的振型向量与低阶波的振型向量相似，从而在进行波的叠加时代替低阶波的贡献量，使计算结果在低频出现误差。计权时将每个波的截面振型向量进行归一化处理，使截面振型向量的 2−范数等于 $1/\left|k_{\mathrm{A}i}\right|$，其中 $k_{\mathrm{A}i}$ 为与各个振型向量对应的波数。这种方法实现了将各个叠加波按照波数的大小进行计权，之后采用最小二乘法求解式（5.11）的欠定方程组，即可得到各个叠加波的幅值 $\boldsymbol{a}_{\mathrm{A}}$（注意这里会偶发病态现象）：

$$\boldsymbol{a}_{\mathrm{A}} = \boldsymbol{H}_{\mathrm{A}}^{\mathrm{inv}} \boldsymbol{T}_{\mathrm{A}} \boldsymbol{d}_{\mathrm{A}} \tag{5.12}$$

式中，$\boldsymbol{H}_{\mathrm{A}}^{\mathrm{inv}} \boldsymbol{H}_{\mathrm{A}} = \boldsymbol{I}$，$\boldsymbol{I}$ 为单位矩阵。

结合式（5.6）、式（5.9）和式（5.12），可以得到位移函数：

$$u_{\mathrm{A}z}(x,y,\omega) = \boldsymbol{Z}_{\mathrm{A}}(y)\boldsymbol{\phi}_{\mathrm{A}}(\omega)\boldsymbol{E}_{\mathrm{A}}(x,\omega)\boldsymbol{H}_{\mathrm{A}}^{\mathrm{inv}}(\omega)\boldsymbol{T}_{\mathrm{A}}\boldsymbol{d}_{\mathrm{A}} = \boldsymbol{N}_{\mathrm{A}}(x,y,\omega)\boldsymbol{d}_{\mathrm{A}} \tag{5.13}$$

式中，$\boldsymbol{N}_{\mathrm{A}} = \boldsymbol{Z}_{\mathrm{A}}\boldsymbol{\phi}_{\mathrm{A}}\boldsymbol{E}_{\mathrm{A}}\boldsymbol{H}_{\mathrm{A}}^{\mathrm{inv}}\boldsymbol{T}_{\mathrm{A}}$ 为 A 问题的形函数。

5.2.2.3 动刚度矩阵

将前文已经得到的板的位移函数式（5.13）代入板的 Hamilton 方程（5.4）中，即可得到节点位移与节点力向量的关系：

$$\{D[\boldsymbol{S}_{\mathrm{A}1} + \boldsymbol{S}_{\mathrm{A}4} + \nu(\boldsymbol{S}_{\mathrm{A}2} + \boldsymbol{S}_{\mathrm{A}2}^{\mathrm{H}}) + 2(1-\nu)\boldsymbol{S}_{\mathrm{A}3}] - \rho h\omega^2 \boldsymbol{S}_{\mathrm{A}0}\}\boldsymbol{d}_{\mathrm{A}} = \boldsymbol{f}_{\mathrm{A}} \tag{5.14}$$

式中，$\boldsymbol{f}_{\mathrm{A}}=\int_x\int_y \boldsymbol{N}_{\mathrm{A}}^{\mathrm{H}}\cdot P_{\mathrm{A}z}h\mathrm{d}x\mathrm{d}y$，为节点力向量，上标“H”表示矩阵或向量的共轭转置。动刚度矩阵可以表示为：

$$\boldsymbol{S}_{\mathrm{A}}(\omega)=D[\boldsymbol{S}_{\mathrm{A1}}+\boldsymbol{S}_{\mathrm{A4}}+\nu(\boldsymbol{S}_{\mathrm{A2}}+\boldsymbol{S}_{\mathrm{A2}}^{\mathrm{H}})+2(1-\nu)\boldsymbol{S}_{\mathrm{A3}}]-\rho h\omega^2\boldsymbol{S}_{\mathrm{A0}} \quad (5.15)$$

式中，

$$\boldsymbol{S}_{\mathrm{A1}}=\int_x\int_y\frac{\partial^2\boldsymbol{N}_{\mathrm{A}}^{\mathrm{H}}}{\partial x^2}\cdot\frac{\partial^2\boldsymbol{N}_{\mathrm{A}}}{\partial x^2}\mathrm{d}x\mathrm{d}y,\quad \boldsymbol{S}_{\mathrm{A2}}=\int_x\int_y\frac{\partial^2\boldsymbol{N}_{\mathrm{A}}^{\mathrm{H}}}{\partial y^2}\cdot\frac{\partial^2\boldsymbol{N}_{\mathrm{A}}}{\partial x^2}\mathrm{d}x\mathrm{d}y$$

$$\boldsymbol{S}_{\mathrm{A3}}=\int_x\int_y\frac{\partial^2\boldsymbol{N}_{\mathrm{A}}^{\mathrm{H}}}{\partial x\partial y}\cdot\frac{\partial^2\boldsymbol{N}_{\mathrm{A}}}{\partial x\partial y}\mathrm{d}x\mathrm{d}y,\quad \boldsymbol{S}_{\mathrm{A4}}=\int_x\int_y\frac{\partial^2\boldsymbol{N}_{\mathrm{A}}^{\mathrm{H}}}{\partial y^2}\cdot\frac{\partial^2\boldsymbol{N}_{\mathrm{A}}}{\partial y^2}\mathrm{d}x\mathrm{d}y$$

$$\boldsymbol{S}_{\mathrm{A0}}=\int_x\int_y\boldsymbol{N}_{\mathrm{A}}^{\mathrm{H}}\cdot\boldsymbol{N}_{\mathrm{A}}\mathrm{d}x\mathrm{d}y$$

其中，$\boldsymbol{S}_{\mathrm{A0}}$ 的具体计算过程如下：

$$\boldsymbol{S}_{\mathrm{A0}}=(\boldsymbol{H}_{\mathrm{A}}^{\mathrm{inv}}\boldsymbol{T}_{\mathrm{A}})^{\mathrm{H}}\cdot(\boldsymbol{\phi}_{\mathrm{A}}^{\mathrm{H}}\cdot\int_y\boldsymbol{Z}_{\mathrm{A}}^{\mathrm{H}}\boldsymbol{Z}_{\mathrm{A}}\mathrm{d}y\cdot\boldsymbol{\phi}_{\mathrm{A}}\ .*\int_x\boldsymbol{E}_{\mathrm{A}}^{\mathrm{row\,H}}\boldsymbol{E}_{\mathrm{A}}^{\mathrm{row}}\mathrm{d}x)\cdot(\boldsymbol{H}_{\mathrm{A}}^{\mathrm{inv}}\boldsymbol{T}_{\mathrm{A}}) \quad (5.16)$$

其中，符号“.*”表示矩阵或向量对应位置上的元素相乘；$\boldsymbol{E}_{\mathrm{A}}^{\mathrm{row}}$ 为由 $\boldsymbol{E}_{\mathrm{A}}$ 的对角元素组成的行向量。$\boldsymbol{S}_{\mathrm{A0}}\sim\boldsymbol{S}_{\mathrm{A4}}$ 的计算方法与 $\boldsymbol{S}_{\mathrm{A0}}$ 相似，不同之处只需按照响应的表达式，对 $\boldsymbol{Z}_{\mathrm{A}}$、$\boldsymbol{E}_{\mathrm{A}}^{\mathrm{row}}$ 进行微分计算即可，这里不再重复推导。

5.2.2.4　算例 1：子问题 A

下面针对子问题 A 给出算例，以验证前文的推导。如图 5.5 所示，薄板的一组对边为自由约束，另一组对边为简支约束。这样设置边界条件的目的是形成对边简支、对边自由边界的板，进而可以通过解析方法计算各阶自振频率，作为评价数值方法准确度的依据。在 A_1 点施加绕 y 轴逆时针方向的弯矩 $M_{\mathrm{A1}}=1000$ N·m/Hz，并计算 A_1 点绕 y 轴转角 θ_{A1}。采用本章改进的谱单元法计算时，在简支约束的两边分别均匀划分 5 个节点；有限元模型则划分 4×4 个单元，共 25 个节点。

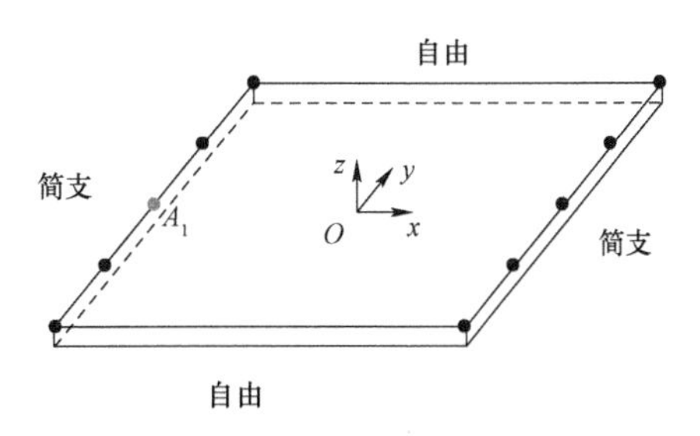

图 5.5　算例 1 工况示意图

算例 1 的计算结果如图 5.6 所示，在 1～250 Hz 内有 5 阶自振频率。通过 Levy 方法计算自振频率的解析解，在图 5.6 中以灰色竖虚线表示。两种数值方法与解析解对比，得到的自振频率误差百分比如表 5.1 所示。可以看出，有限元模型计算误差范围为 0.5%～4.1%，谱单元模型误差范围为 0～1.5%，总体上，前者误差大于后者，最高约达 9 倍，且随着阶数的增加，两者误差相差越来越大。因此，谱单元模型的计算结果更接近解析解。从图 5.6 中可以看出，在 0～70 Hz 频段内，两种数值计算结果几乎一致，从大约 70 Hz 开始，有限元计算结果与谱单元计算结果分离，且随着频率增高，两种结果偏离逐渐明显。这是因为从 70 Hz 左右频率处开始，单向板中的第三种波数的波开始传播（见图 5.4），其波长较短且结构振型复杂。而对于 70 Hz 以上的振动，有限元模型的单元尺寸已不足以拟合出板的振型，因此计算误差越来越大。而由于谱单元法的形函数考虑了板的控制方程，所以即使只在单向板的一组对边划分节点，无须在板的内部划分节点，也可以在高频范围得到精确度较高的计算结果。

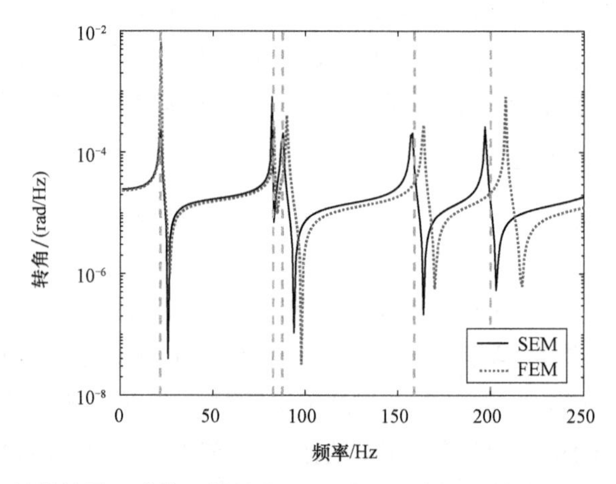

图 5.6 算例 1 计算结果（谱单元结果由 SEM 表示，有限元结果由 FEM 表示，下同）

表 5.1 转角自振频率误差对比

阶数	SEM 误差/%	FEM 误差/%
1	0	1.3
2	0.8	0.5
3	0.3	1.5
4	1.2	2.9
5	1.5	4.1

5.2.3　子问题 B 求解

子 B 问题的单向板中，L、R 边为固定边界，D、U 边以节点位移为边界条件。其与子 A 问题的差异在于：（1）“典型对边”由自由边界变为固定边界；（2）“任意边界”的节点位移等于原问题与子 A 问题的节点位移之差。

5.2.3.1　有限条单元

如图 5.7 所示，沿 x 方向将板均匀划分为 nx 个条形单元。每个条形单元内部的位移通过 x 方向的多项式插值函数和两交线的位移函数表示。以第 j 个条形单元为例（见图 5.7（b）），在局部坐标系 $x_{(j)}yz$ 下，$x_{(j)}\in[0,l_x]$，条单元位移函数可以表示为：

$$u_{\mathrm{B}z}(x_{(j)},y)=\begin{bmatrix}\boldsymbol{Z}_1(x_{(j)}) & \boldsymbol{Z}_2(x_{(j)})\end{bmatrix}\begin{bmatrix}\boldsymbol{W}_{\mathrm{B}j-1}(y)\\ \boldsymbol{W}_{\mathrm{B}j}(y)\end{bmatrix} \tag{5.17}$$

其中，

$$\boldsymbol{W}_{\mathrm{B}j}=\begin{bmatrix}u_{\mathrm{B}z1}(x_j,y) & \theta_{\mathrm{B}y1}(x_j,y)\end{bmatrix}^{\mathrm{T}}\quad(\theta_{\mathrm{B}y1}=\partial u_{\mathrm{B}z1}/\partial x_{(j)})$$

各条形单元在交线上保持位移连续，依此将各个条形单元集成，使 nx 个条形单元粘结成板，单向板 B 的位移可以表示为：

$$u_{\mathrm{B}z}(x,y)=\boldsymbol{Z}_{\mathrm{B}}(x)\bullet\boldsymbol{W}_{\mathrm{B}}(y) \tag{5.18}$$

式中，$\boldsymbol{W}_{\mathrm{B}}(y)$ 为各个交线上的位移函数向量，$\boldsymbol{Z}_{\mathrm{B}}(x)$ 为与交线位移函数对应的 x 方向插值函数向量：

$$\boldsymbol{W}_{\mathrm{B}}(y)=[\boldsymbol{W}_{\mathrm{B}1}(y)\quad \boldsymbol{W}_{\mathrm{B}2}(y)\quad\cdots\quad \boldsymbol{W}_{\mathrm{B}nx-1}(y)]^{\mathrm{T}}$$

$$\boldsymbol{Z}_{\mathrm{B}}=[\boldsymbol{Z}_2(x_{(1)})+\boldsymbol{Z}_1(x_{(2)})\quad\cdots\quad \boldsymbol{Z}_2(x_{(nx-1)})+\boldsymbol{Z}_1(x_{(nx)})]$$

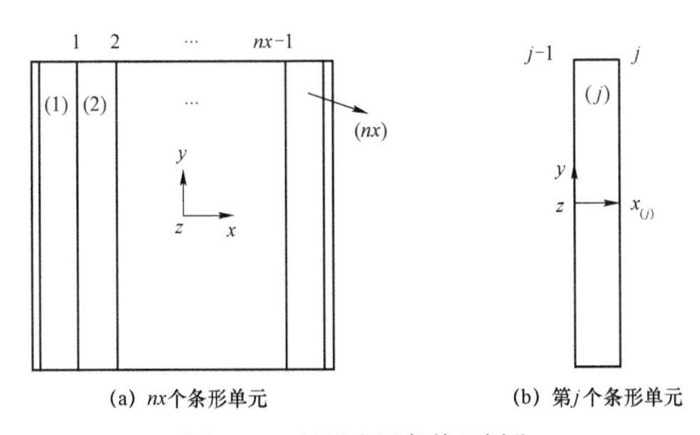

图 5.7　B 问题有限条单元划分

5.2.3.2 谱单元

将位移函数式（5.18）代入板的 Hamilton 方程式（5.4）中，在无外荷载作用下得到：

$$\left\{\boldsymbol{B}_1\frac{\partial^4}{\partial y^4}+[\nu(\boldsymbol{B}_2+\boldsymbol{B}_2^{\mathrm{T}})-2(1-\nu)\boldsymbol{B}_3]\frac{\partial^2}{\partial y^2}+\left(\boldsymbol{B}_4-\frac{\rho h\omega^2}{D}\boldsymbol{B}_1\right)\right\}\boldsymbol{W}_{\mathrm{B}}=\boldsymbol{0} \quad (5.19)$$

其中，

$$\boldsymbol{B}_1=\int_x \boldsymbol{Z}_{\mathrm{B}}^{\mathrm{T}}\boldsymbol{Z}_{\mathrm{B}}\mathrm{d}x,\ \boldsymbol{B}_2=\int_x (\boldsymbol{Z}_{\mathrm{B}}'')^{\mathrm{T}}\boldsymbol{Z}_{\mathrm{B}}\mathrm{d}x,\ \boldsymbol{B}_3=\int_x (\boldsymbol{Z}_{\mathrm{B}}')^{\mathrm{T}}\boldsymbol{Z}_{\mathrm{B}}'\mathrm{d}x,\ \boldsymbol{B}_4=\int_x (\boldsymbol{Z}_{\mathrm{B}}'')^{\mathrm{T}}\boldsymbol{Z}_{\mathrm{B}}''\mathrm{d}x$$

式（5.19）的解为：

$$\boldsymbol{W}_{\mathrm{B}}(y,\omega)=\boldsymbol{\phi}_{\mathrm{B}}\cdot\boldsymbol{E}_{\mathrm{B}}(y,\omega)\cdot\boldsymbol{a}_{\mathrm{B}} \quad (5.20)$$

其中，

$$\boldsymbol{\phi}_{\mathrm{B}}=\begin{bmatrix}\phi_{\mathrm{B1}}^1 & \cdots & \phi_{\mathrm{B8}(nx-1)}^1\\ \vdots & & \vdots\\ \phi_{\mathrm{B1}}^{2(nx-1)} & \cdots & \phi_{\mathrm{B8}(nx-1)}^{2(nx-1)}\end{bmatrix},\ \boldsymbol{E}_{\mathrm{B}}=\begin{bmatrix}\mathrm{e}^{-ik_{\mathrm{B1}}y} & & & \\ & \mathrm{e}^{-ik_{\mathrm{B2}}y} & & \\ & & \ddots & \\ & & & \mathrm{e}^{-ik_{\mathrm{B8}(nx-1)}y}\end{bmatrix},\ \boldsymbol{a}_{\mathrm{B}}=\begin{bmatrix}a_{\mathrm{B1}}\\ a_{\mathrm{B2}}\\ \vdots\\ a_{\mathrm{B8}(nx-1)}\end{bmatrix}$$

特征值 $k_{\mathrm{B}i}(\omega)(i=1,2,\cdots,8(nx-1))$ 为 y 方向的波数，且两两互为相反数，表示波沿 y 方向的正向传播和反向传播。每一个波数对应一个特征向量 $\boldsymbol{\phi}_{\mathrm{B}i}=\left(\phi_{\mathrm{B}i}^1\quad \phi_{\mathrm{B}i}^2\quad \cdots\quad \phi_{\mathrm{B}i}^{2(nx-1)}\right)^{\mathrm{T}}$，即为薄板 x 方向的振型。$a_{\mathrm{B}i}(\omega)$ 为波的幅值。

以 5.2.2.2 节的矩形薄板为例，当条单元的数量 $nx=4$ 时，作出传播波的频散曲线，如图 5.8 所示。在 0～250 Hz 内，y 方向主要有 2 对传播波，每一种波对应 x 方向的振型如图 5.8 最右侧所示。第一阶截止频率在 50 Hz 左右，此时第一个传播波出现；第二阶截止频率在 180 Hz 左右，此时第二个传播波出现。

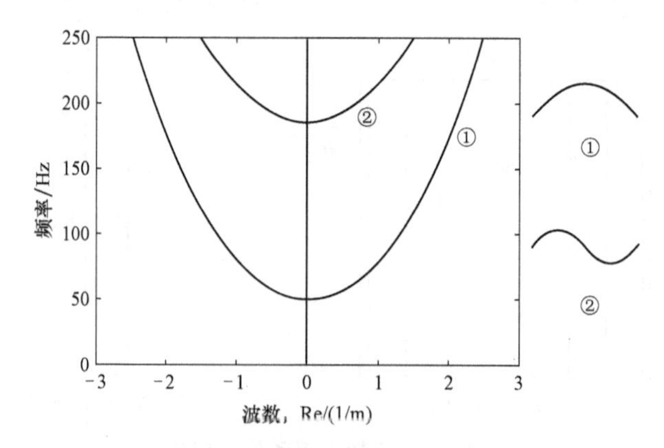

图 5.8 频散曲线及对应振型

为了求解波的幅值 $a_{\mathrm{B}i}$，需借助各个交线两端点处的位移值，即单向板 D、U 两边节点上的边界条件。利用如下含有未知常数 $a_{\mathrm{B}i}$ 的交线位移函数式表示 D、U 边界节点的位移：

$$\boldsymbol{S}_{\mathrm{B}}\begin{bmatrix}\boldsymbol{\phi}_{\mathrm{B}}\boldsymbol{E}_{\mathrm{B}}(-b)\\ \boldsymbol{\phi}_{\mathrm{B}}\boldsymbol{E}'_{\mathrm{B}}(-b)\\ \boldsymbol{\phi}_{\mathrm{B}}\boldsymbol{E}_{\mathrm{B}}(b)\\ \boldsymbol{\phi}_{\mathrm{B}}\boldsymbol{E}'_{\mathrm{B}}(b)\end{bmatrix}\boldsymbol{a}_{\mathrm{B}}=\boldsymbol{S}_{\mathrm{B}}\tilde{\boldsymbol{d}}_{\mathrm{B}}=\boldsymbol{T}_{\mathrm{B}}\boldsymbol{d}_{\mathrm{B}} \tag{5.21}$$

令

$$\boldsymbol{H}_{\mathrm{B}}=\boldsymbol{S}_{\mathrm{B}}\begin{bmatrix}\boldsymbol{\phi}_{\mathrm{B}}\boldsymbol{E}_{\mathrm{B}}(-b)\\ \boldsymbol{\phi}_{\mathrm{B}}\boldsymbol{E}'_{\mathrm{B}}(-b)\\ \boldsymbol{\phi}_{\mathrm{B}}\boldsymbol{E}_{\mathrm{B}}(b)\\ \boldsymbol{\phi}_{\mathrm{B}}\boldsymbol{E}'_{\mathrm{B}}(b)\end{bmatrix}$$

式中，矩阵 $\boldsymbol{S}_{\mathrm{B}}$ 为选择矩阵，由行向量组成，每个行向量在与之对应节点自由度的位置上的元素为 1，其余位置元素为 0，其目的是消除向量 $\tilde{\boldsymbol{d}}_{\mathrm{B}}$ 中的多余自由度 $\theta_{\mathrm{B}xy}$。$\boldsymbol{d}_{\mathrm{B}}$ 为节点位移向量，节点顺序为从下至上、从左至右，每个节点的自由度为 $\left(u_{\mathrm{B}z},\theta_{\mathrm{B}x},\theta_{\mathrm{B}y}\right)^{\mathrm{T}}$。$\boldsymbol{T}_{\mathrm{B}}$ 为转换矩阵，目的是调整节点自由度次序，使节点位移向量 $\boldsymbol{d}_{\mathrm{B}}$ 的顺序与等式左侧由波的叠加计算而得的自由度顺序一致。与子问题 A 一样，欠定方程式（5.21）仍采用计权最小二乘法求解，可得：

$$\boldsymbol{a}_{\mathrm{B}}=\boldsymbol{H}_{\mathrm{B}}^{\mathrm{inv}}\boldsymbol{T}_{\mathrm{B}}\boldsymbol{d}_{\mathrm{B}} \tag{5.22}$$

式中，$\boldsymbol{H}_{\mathrm{B}}^{\mathrm{inv}}\boldsymbol{H}_{\mathrm{B}}=\boldsymbol{I}$，$\boldsymbol{I}$ 为单位矩阵。

结合式（5.18）、式（5.20）和式（5.22），可以得到位移函数：

$$u_{\mathrm{B}z}(x,y,\omega)=\boldsymbol{Z}_{\mathrm{B}}(x)\boldsymbol{\phi}_{\mathrm{B}}(\omega)\boldsymbol{E}_{\mathrm{B}}(y,\omega)\boldsymbol{H}_{\mathrm{B}}^{\mathrm{inv}}(\omega)\boldsymbol{T}_{\mathrm{B}}\boldsymbol{d}_{\mathrm{B}}=\boldsymbol{N}_{\mathrm{B}}(x,y,\omega)\boldsymbol{d}_{\mathrm{B}} \tag{5.23}$$

式中，$\boldsymbol{N}_{\mathrm{B}}=\boldsymbol{Z}_{\mathrm{B}}\boldsymbol{\phi}_{\mathrm{B}}\boldsymbol{E}_{\mathrm{B}}\boldsymbol{H}_{\mathrm{B}}^{\mathrm{inv}}\boldsymbol{T}_{\mathrm{B}}$，为 B 问题的形函数。

5.2.3.3 动刚度矩阵

将位移函数式（5.23）代入 Hamilton 方程（5.4），得到节点力向量与节点位移向量的关系：

$$\{D[\boldsymbol{S}_{\mathrm{B1}}+\boldsymbol{S}_{\mathrm{B4}}+\nu(\boldsymbol{S}_{\mathrm{B2}}+\boldsymbol{S}_{\mathrm{B2}}^{\mathrm{H}})+2(1-\nu)\boldsymbol{S}_{\mathrm{B3}}]-\rho h\omega^2\boldsymbol{S}_{\mathrm{B0}}\}\boldsymbol{d}_{\mathrm{B}}=\boldsymbol{f}_{\mathrm{B}} \tag{5.24}$$

式中，$\boldsymbol{f}_{\mathrm{B}}=\int_x\int_y \boldsymbol{N}_{\mathrm{B}}^{\mathrm{H}}\bullet P_{\mathrm{B}z}h\mathrm{d}x\mathrm{d}y$ 为节点力向量。动刚度矩阵为：

$$\boldsymbol{S}_{\mathrm{B}}(\omega)=D[\boldsymbol{S}_{\mathrm{B1}}+\boldsymbol{S}_{\mathrm{B4}}+\nu(\boldsymbol{S}_{\mathrm{B2}}+\boldsymbol{S}_{\mathrm{B2}}^{\mathrm{H}})+2(1-\nu)\boldsymbol{S}_{\mathrm{B3}}]-\rho h\omega^2\boldsymbol{S}_{\mathrm{B0}} \tag{5.25}$$

其中，

$$\boldsymbol{S}_{\mathrm{B1}}=\int_x\int_y \frac{\partial^2 \boldsymbol{N}_{\mathrm{B}}^{\mathrm{H}}}{\partial x^2}\cdot\frac{\partial^2 \boldsymbol{N}_{\mathrm{B}}}{\partial x^2}\mathrm{d}x\mathrm{d}y,\quad \boldsymbol{S}_{\mathrm{B2}}=\int_x\int_y \frac{\partial^2 \boldsymbol{N}_{\mathrm{B}}^{\mathrm{H}}}{\partial y^2}\cdot\frac{\partial^2 \boldsymbol{N}_{\mathrm{B}}}{\partial x^2}\mathrm{d}x\mathrm{d}y$$

$$\boldsymbol{S}_{\mathrm{B3}}=\int_x\int_y \frac{\partial^2 \boldsymbol{N}_{\mathrm{B}}^{\mathrm{H}}}{\partial x\partial y}\cdot\frac{\partial^2 \boldsymbol{N}_{\mathrm{B}}}{\partial x\partial y}\mathrm{d}x\mathrm{d}y,\quad \boldsymbol{S}_{\mathrm{B4}}=\int_x\int_y \frac{\partial^2 \boldsymbol{N}_{\mathrm{B}}^{\mathrm{H}}}{\partial y^2}\cdot\frac{\partial^2 \boldsymbol{N}_{\mathrm{B}}}{\partial y^2}\mathrm{d}x\mathrm{d}y$$

$$\boldsymbol{S}_{\mathrm{B0}}=\int_x\int_y \boldsymbol{N}_{\mathrm{B}}^{\mathrm{H}}\cdot\boldsymbol{N}_{\mathrm{B}}\mathrm{d}x\mathrm{d}y$$

$\boldsymbol{S}_{\mathrm{B0}}\sim\boldsymbol{S}_{\mathrm{B4}}$ 的计算方法与 $\boldsymbol{S}_{\mathrm{A0}}\sim\boldsymbol{S}_{\mathrm{A4}}$ 类似，这里不再赘述。

5.2.3.4 算例 2：子问题 B

下面针对子问题 B 给出算例，以验证前文的推导。如图 5.9 所示，薄板的一组对边为固定约束，另一组对边为简支约束，形成了对边简支、对边固定边界的板。在 A_2 点施加绕 x 轴逆时针方向的弯矩 $M_{\mathrm{A2}}=1\,000\ \mathrm{N\cdot m/Hz}$，并计算 A_2 点绕 x 轴转角 θ_{A2}。采用谱单元法计算时，在简支约束的两边分别均匀划分 3 个节点；采用有限元法模拟时，仍然划分 4×4 个单元，共 25 个节点。

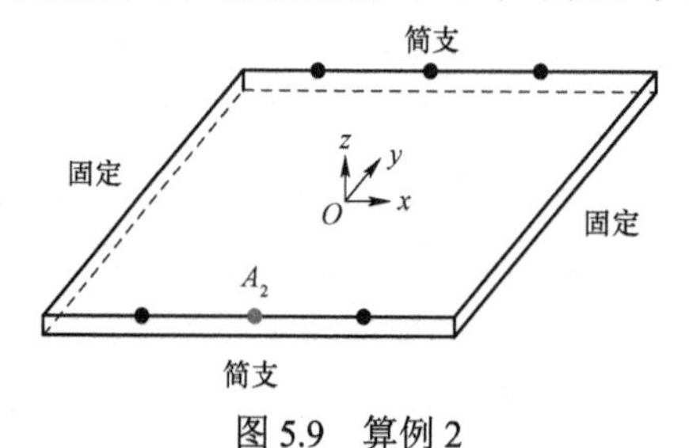

图 5.9 算例 2

算例 2 的计算结果如图 5.10 所示，在 1～250 Hz 内有三阶自振频率出现，与解析解的自振频率（灰色竖虚线）相比，数值解的误差百分比如表 5.2 所示。有限元法的误差为谱单元法误差的 3～5.5 倍，说明后者更接近解析解。与 A 问题的结果类似，两种数值方法的频谱在低频保持一致，但随着频率的增高，差异逐渐明显。

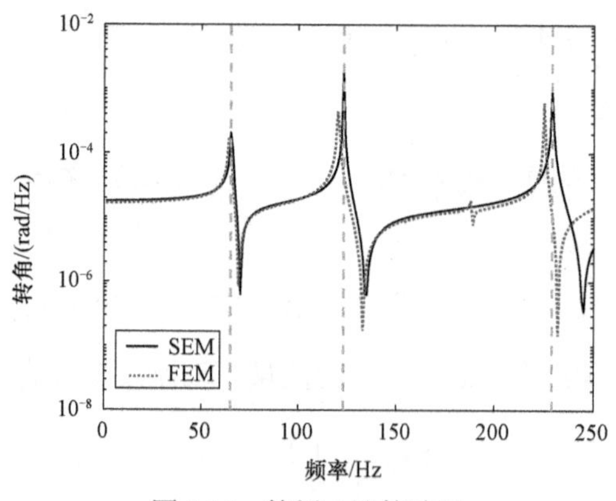

图 5.10 算例 2 计算结果

表 5.2　转角自振频率误差对比

阶数	SEM 误差/%	FEM 误差/%
1	0.3	0.9
2	0.2	1.1
3	0.4	2

5.2.4　原问题求解

5.2.4.1　形函数

由于原问题的位移场为子问题 A、B 的叠加，板结构弯曲振动的位移函数则可以表示为：

$$u_z(x,y)=u_{Az}(x,y)+u_{Bz}(x,y)=\boldsymbol{N}_A\boldsymbol{d}_A+\boldsymbol{N}_B\boldsymbol{d}_B \tag{5.26}$$

如前所述，原问题与子问题 A、B 的节点位移关系为：

$$\begin{cases}\boldsymbol{d}=\left[\boldsymbol{d}^L,\boldsymbol{d}^R,\boldsymbol{d}^D,\boldsymbol{d}^U\right]^T\\ \boldsymbol{d}_A=\left[\boldsymbol{d}^L,\boldsymbol{d}^R\right]^T\\ \boldsymbol{d}_B=\left[\boldsymbol{d}^D,\boldsymbol{d}^U\right]^T-\left[\hat{\boldsymbol{d}}_{AB}^D,\hat{\boldsymbol{d}}_{AB}^U\right]^T\end{cases} \tag{5.27}$$

其中，$\hat{\boldsymbol{d}}_{AB}=\left[\hat{\boldsymbol{d}}_{AB}^D,\hat{\boldsymbol{d}}_{AB}^U\right]^T$ 为子问题 A 引起的矩形板 D、U 边的节点位移：

$$\hat{\boldsymbol{d}}_{AB}=\boldsymbol{Q}\boldsymbol{d}_A \tag{5.28}$$

式中，位移向量可以表示为：

$$\hat{\boldsymbol{d}}_{AB}=\left[\hat{\boldsymbol{d}}_{AB1}^D,\cdots,\hat{\boldsymbol{d}}_{ABj}^D,\cdots,\hat{\boldsymbol{d}}_{AB(nx-1)}^D,\hat{\boldsymbol{d}}_{AB1}^U,\cdots,\hat{\boldsymbol{d}}_{ABj}^U,\cdots,\hat{\boldsymbol{d}}_{AB(nx-1)}^U\right]^T$$

$$\hat{\boldsymbol{d}}_{ABj}^D=\left[u_{Az1}(x_j,-b),\theta_{Ax1}(x_j,-b),\theta_{Ay1}(x_j,-b)\right]^T$$

$$\hat{\boldsymbol{d}}_{ABj}^U=\left[u_{Az1}(x_j,b),\theta_{Ax1}(x_j,b),\theta_{Ay1}(x_j,b)\right]^T$$

向量 $\boldsymbol{Q}$ 可以表示为：

$$\boldsymbol{Q}=\left[\boldsymbol{Q}_1^D,\cdots,\boldsymbol{Q}_j^D,\cdots,\boldsymbol{Q}_{(nx-1)}^D,\boldsymbol{Q}_1^U,\cdots,\boldsymbol{Q}_j^U,\cdots,\boldsymbol{Q}_{(nx-1)}^U\right]^T$$

$$\boldsymbol{Q}_j^D=\left[\boldsymbol{N}_A(x_j,-b),\partial\boldsymbol{N}_A(x_j,-b)/\partial y,-\partial\boldsymbol{N}_A(x_j,-b)/\partial x\right]^T$$

$$\boldsymbol{Q}_j^U=\left[\boldsymbol{N}_A(x_j,b),\partial\boldsymbol{N}_A(x_j,b)/\partial y,-\partial\boldsymbol{N}_A(x_j,b)/\partial x\right]^T$$

将式（5.28）和式（5.27）代入式（5.26）可以得到位移场与四边节点的关系：

$$u_z(x,y)=\boldsymbol{N}\boldsymbol{d}=\left[\boldsymbol{N}_{\rm A}-\boldsymbol{N}_{\rm B}\boldsymbol{Q},\boldsymbol{N}_{\rm B}\right]\begin{bmatrix}\boldsymbol{d}^{\rm L}\\ \boldsymbol{d}^{\rm R}\\ \boldsymbol{d}^{\rm D}\\ \boldsymbol{d}^{\rm B}\end{bmatrix} \tag{5.29}$$

式中，$\boldsymbol{N}$即为原问题的形函数：

$$\boldsymbol{N}=\left[\boldsymbol{N}_{\rm A}-\boldsymbol{N}_{\rm B}\boldsymbol{Q},\boldsymbol{N}_{\rm B}\right] \tag{5.30}$$

为了能够形象地描述矩形板四边节点自由度对应的形函数，以图 5.11 中的板构件为例，绘制静态（0 Hz）和动态（200 Hz）下，几个典型节点自由度的形函数如图 5.12 所示。可以看出，200 Hz 的形函数较 0 Hz 的形函数复杂，这是因为在形函数的计算过程中，考虑了板的动力特性。由此可以证明，与只能表示板的几何特性的多项式插值函数不同，本章方法的形函数同时考虑了板结构的几何特性和动力特性，可以用来表示较高频率下结构的复杂振型。

如图 5.12（b）～（h）所示，在 $y=\pm2$ m 处，形函数在 0 位置上下稍有波动，这是由于板在高频振动下波长很短，导致即使两相邻节点位移均为 0，但节点之间仍会出现微弱振型，使得计算结果在某些频带产生突变，要更准确地模拟板结构的边界条件，仍存在一定改进空间。

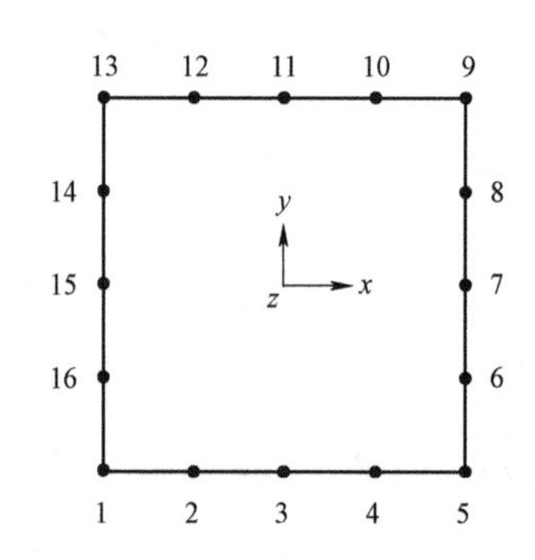

图 5.11　原问题节点划分

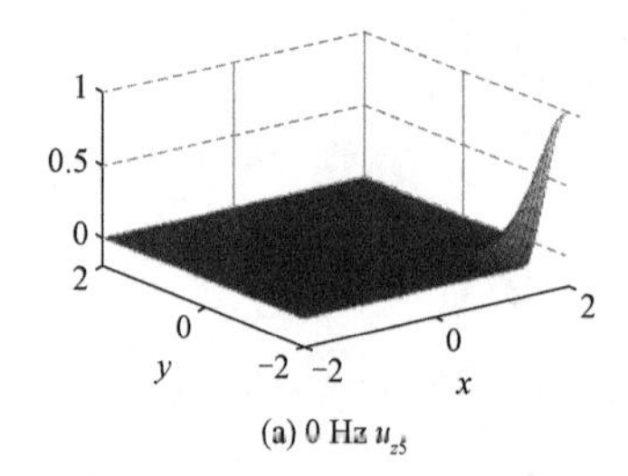

(a) 0 Hz u_{z5}

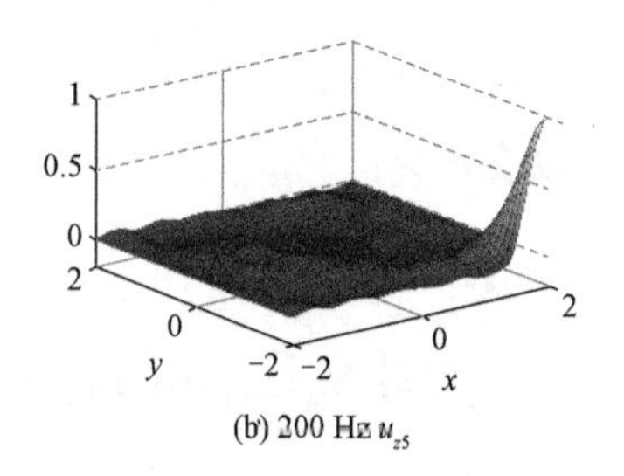

(b) 200 Hz u_{z5}

图 5.12　典型节点自由度的形函数

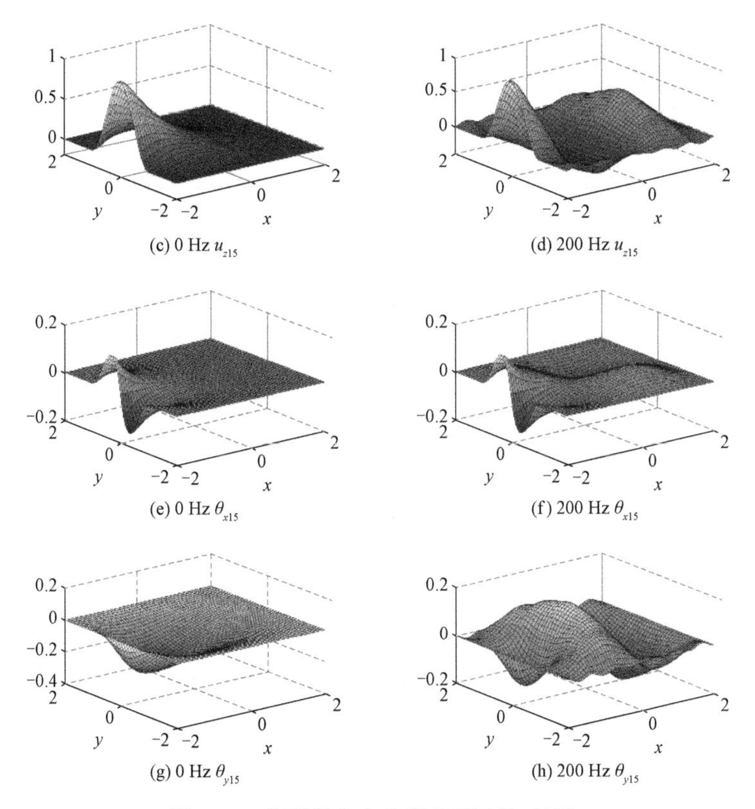

(c) 0 Hz u_{z15}　(d) 200 Hz u_{z15}

(e) 0 Hz θ_{x15}　(f) 200 Hz θ_{x15}

(g) 0 Hz θ_{y15}　(h) 200 Hz θ_{y15}

图 5.12　典型节点自由度的形函数（续）

5.2.4.2　动刚度矩阵

将原问题的位移函数［式（5.29）］代入薄板弯曲振动的 Hamilton 方程，可以得到板的节点位移与节点力向量的关系如下：

$$\{D[\boldsymbol{S}_1+\boldsymbol{S}_4+\nu(\boldsymbol{S}_2+\boldsymbol{S}_2^{\mathrm{H}})+2(1-\nu)\boldsymbol{S}_3]-\rho h\omega^2\boldsymbol{S}_0\}\boldsymbol{d}=\boldsymbol{f} \tag{5.31}$$

动刚度矩阵为：

$$\boldsymbol{S}(\omega)=D[\boldsymbol{S}_1+\boldsymbol{S}_4+\nu(\boldsymbol{S}_2+\boldsymbol{S}_2^{\mathrm{H}})+2(1-\nu)\boldsymbol{S}_3]-\rho h\omega^2\boldsymbol{S}_0 \tag{5.32}$$

其中，

$$\boldsymbol{S}_1=\int_x\int_y\frac{\partial^2\boldsymbol{N}^{\mathrm{H}}}{\partial x^2}\cdot\frac{\partial^2\boldsymbol{N}}{\partial x^2}\mathrm{d}x\mathrm{d}y\text{，}\quad \boldsymbol{S}_2=\int_x\int_y\frac{\partial^2\boldsymbol{N}^{\mathrm{H}}}{\partial y^2}\cdot\frac{\partial^2\boldsymbol{N}}{\partial x^2}\mathrm{d}x\mathrm{d}y$$

$$\boldsymbol{S}_3=\int_x\int_y\frac{\partial^2\boldsymbol{N}^{\mathrm{H}}}{\partial x\partial y}\cdot\frac{\partial^2\boldsymbol{N}}{\partial x\partial y}\mathrm{d}x\mathrm{d}y\text{，}\quad \boldsymbol{S}_4=\int_x\int_y\frac{\partial^2\boldsymbol{N}^{\mathrm{H}}}{\partial y^2}\cdot\frac{\partial^2\boldsymbol{N}}{\partial y^2}\mathrm{d}x\mathrm{d}y\text{，}\quad \boldsymbol{S}_0=\int_x\int_y\boldsymbol{N}^{\mathrm{H}}\cdot\boldsymbol{N}\mathrm{d}x\mathrm{d}y$$

关于 $\boldsymbol{S}_0 \sim \boldsymbol{S}_4$ 的计算，这里以 $\boldsymbol{S}_0$ 为例进行推导：

$$\boldsymbol{S}_0 = \begin{bmatrix} \boldsymbol{I}_{\mathrm{A}} & -\boldsymbol{Q}^{\mathrm{H}} \\ \boldsymbol{O}^{\mathrm{H}} & \boldsymbol{I}_{\mathrm{B}} \end{bmatrix} \begin{bmatrix} \int_x\int_y \boldsymbol{N}_{\mathrm{A}}^{\mathrm{H}} \cdot \boldsymbol{N}_{\mathrm{A}} \mathrm{d}x\mathrm{d}y & \int_x\int_y \boldsymbol{N}_{\mathrm{A}}^{\mathrm{H}} \cdot \boldsymbol{N}_{\mathrm{B}} \mathrm{d}x\mathrm{d}y \\ \int_x\int_y \boldsymbol{N}_{\mathrm{B}}^{\mathrm{H}} \cdot \boldsymbol{N}_{\mathrm{A}} \mathrm{d}x\mathrm{d}y & \int_x\int_y \boldsymbol{N}_{\mathrm{B}}^{\mathrm{H}} \cdot \boldsymbol{N}_{\mathrm{B}} \mathrm{d}x\mathrm{d}y \end{bmatrix} \begin{bmatrix} \boldsymbol{I}_{\mathrm{A}} & \boldsymbol{O} \\ -\boldsymbol{Q} & \boldsymbol{I}_{\mathrm{B}} \end{bmatrix} \tag{5.33}$$

式中，$\boldsymbol{I}_{\mathrm{A}}$ 为 $6(ny+1)\times 6(ny+1)$ 的单位矩阵，$\boldsymbol{I}_{\mathrm{B}}$ 为 $6(nx-1)\times 6(nx-1)$ 的单位矩阵；$\boldsymbol{O}$ 为 $6(ny+1)\times 6(nx-1)$ 的零矩阵；

$$\int_x\int_y \boldsymbol{N}_{\mathrm{A}}^{\mathrm{H}} \cdot \boldsymbol{N}_{\mathrm{A}} \mathrm{d}x\mathrm{d}y = (\boldsymbol{H}_{\mathrm{A}}^{\mathrm{inv}}\boldsymbol{T}_{\mathrm{A}})^{\mathrm{H}} \cdot [\boldsymbol{\phi}_{\mathrm{A}}^{\mathrm{H}} \cdot (\int_y \boldsymbol{Z}_{\mathrm{A}}^{\mathrm{H}}\boldsymbol{Z}_{\mathrm{A}} \mathrm{d}y) \cdot \boldsymbol{\phi}_{\mathrm{A}} .* (\int_x \boldsymbol{E}_{\mathrm{A}}^{\mathrm{rowH}}\boldsymbol{E}_{\mathrm{A}}^{\mathrm{row}} \mathrm{d}x)] \cdot (\boldsymbol{H}_{\mathrm{A}}^{\mathrm{inv}}\boldsymbol{T}_{\mathrm{A}})$$

$$\int_x\int_y \boldsymbol{N}_{\mathrm{B}}^{\mathrm{H}} \cdot \boldsymbol{N}_{\mathrm{B}} \mathrm{d}x\mathrm{d}y = (\boldsymbol{H}_{\mathrm{B}}^{\mathrm{inv}}\boldsymbol{T}_{\mathrm{B}})^{\mathrm{H}} \cdot [\boldsymbol{\phi}_{\mathrm{B}}^{\mathrm{H}} \cdot (\int_x \boldsymbol{Z}_{\mathrm{B}}^{\mathrm{H}}\boldsymbol{Z}_{\mathrm{B}} \mathrm{d}x) \cdot \boldsymbol{\phi}_{\mathrm{B}} .* (\int_y \boldsymbol{E}_{\mathrm{B}}^{\mathrm{rowH}}\boldsymbol{E}_{\mathrm{B}}^{\mathrm{row}} \mathrm{d}y)] \cdot (\boldsymbol{H}_{\mathrm{B}}^{\mathrm{inv}}\boldsymbol{T}_{\mathrm{B}})$$

$$\int_x\int_y \boldsymbol{N}_{\mathrm{A}}^{\mathrm{H}} \cdot \boldsymbol{N}_{\mathrm{B}} \mathrm{d}x\mathrm{d}y = (\boldsymbol{H}_{\mathrm{A}}^{\mathrm{inv}}\boldsymbol{T}_{\mathrm{A}})^{\mathrm{H}} \cdot [(\int_x \boldsymbol{E}_{\mathrm{A}}^{\mathrm{rowH}} \cdot \boldsymbol{Z}_{\mathrm{B}} \cdot \boldsymbol{\phi}_{\mathrm{B}} \mathrm{d}x) .* (\int_y \boldsymbol{\phi}_{\mathrm{A}}^{\mathrm{H}} \cdot \boldsymbol{Z}_{\mathrm{A}}^{\mathrm{H}} \cdot \boldsymbol{E}_{\mathrm{B}}^{\mathrm{row}} \mathrm{d}y)] \cdot (\boldsymbol{H}_{\mathrm{B}}^{\mathrm{inv}}\boldsymbol{T}_{\mathrm{B}})$$

$$\int_x\int_y \boldsymbol{N}_{\mathrm{B}}^{\mathrm{H}} \cdot \boldsymbol{N}_{\mathrm{A}} \mathrm{d}x\mathrm{d}y = (\int_x\int_y \boldsymbol{N}_{\mathrm{A}}^{\mathrm{H}} \cdot \boldsymbol{N}_{\mathrm{B}} \mathrm{d}x\mathrm{d}y)^{\mathrm{H}}$$

$\boldsymbol{S}_1 \sim \boldsymbol{S}_4$ 的推导与 $\boldsymbol{S}_0$ 相同，只需根据表达式对变量 $\boldsymbol{Z}_{\mathrm{A}}$、$\boldsymbol{Z}_{\mathrm{B}}$、$\boldsymbol{E}_{\mathrm{A}}^{\mathrm{row}}$、$\boldsymbol{E}_{\mathrm{B}}^{\mathrm{row}}$ 进行相应的求导计算。

5.2.4.3 算例 3：原问题

如图 5.13 所示，固定板的 4 个角点，在 A_3 点施加 z 方向荷载 $P_{\mathrm{A3}} = 1\,000$ N/Hz，计算 A_3 点的 z 方向位移响应。在谱单元模型中，在四边均匀划分 16 个节点，形成 1 个 16 节点的单元。在有限元模型中，分别给出 4 种单元划分方法：FEM（1）划分 4×4 个单元，共 25 个节点；FEM（2）划分 6×6 个单元，共 49 个节点；FEM（3）划分 10×10 个单元，共 121 个节点。计算结果如图 5.14（a）所示。

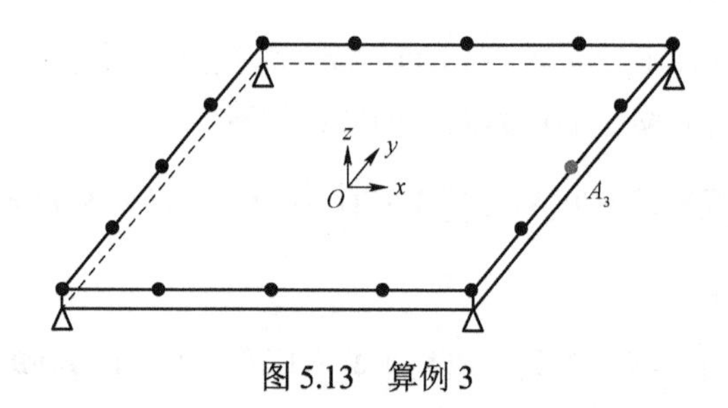

图 5.13 算例 3

由于算例 3 的工况很难得到解析解，本书认为当有限元模型的网格划分非常密时，可以达到与解析解相近的精度。为了验证，对网格尺寸为 0.3～1 m（节点数为 16～225）的有限元模型进行收敛性分析。由于有限元网格尺寸引起的误差主要出现在高频范围，因此以较高阶自振频率作为收敛性分析的评价量，本工况采用第 6 阶自振频率作为评价量。图 5.14（b）展示了不同节点数量的有限元模型的高阶自振频率，随着节点数的增加，自振频率值收敛，可以达到与解析解相近的精度。

从图 5.14（a）中可以看出，FEM（3）与 SEM 结果最为相近，FEM（2）次之，FEM（1）结果较 SEM 结果偏差大。这说明总体来讲，随着有限元模型划分单元数量的增多，其计算结果与谱单元结果越来越相近，尤其是在较高频率范围内，这种规律更加明显。这是因为谱单元模型的位移函数由控制方程得到，考虑了板的动力特性，所以即使在较高频段，仍能准确地描述板的振型；而有限元模型的位移函数只考虑了板的几何特性，因此需要通过增加单元和节点的数量来提高高频范围计算结果的准确度。

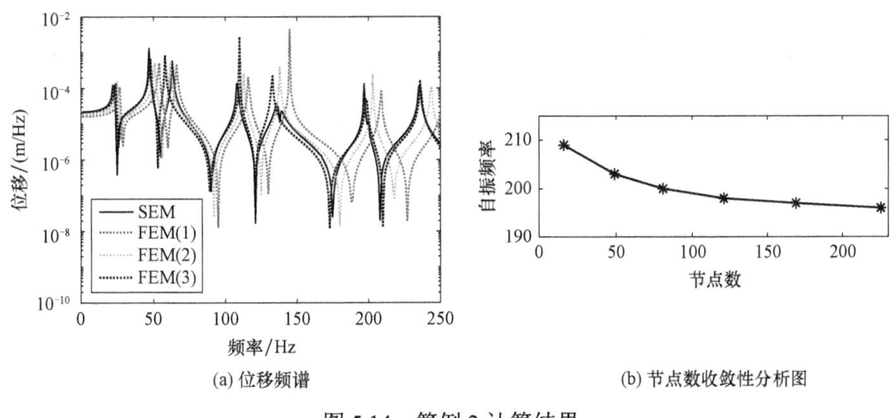

(a) 位移频谱　　(b) 节点数收敛性分析图

图 5.14　算例 3 计算结果

5.3　梁–板–柱结构的耦合模型研究

梁、柱结构与板结构具有不同的振动型式，结构间的相互连接使振动相互影响。在数值模拟中，为了模拟结构之间的耦合作用，令梁、板、柱结构在公共节点处的位移和力连续，分别计算梁、板、柱结构的动刚度矩阵，并按照有限元的集成规则集成总动刚度矩阵，即可计算梁–板–柱耦合结构的动力响应。

梁、柱结构的振动型式相同，分别为轴向振动、弯曲振动和扭转振动，根据第 4 章计算梁/柱结构的动刚度矩阵，其与节点位移和节点力的关系可表示为：

$$\begin{bmatrix} D_{ij11}^{\mathrm{b}} & D_{ij12}^{\mathrm{b}} & D_{ij13}^{\mathrm{b}} & D_{ij14}^{\mathrm{b}} & D_{ij15}^{\mathrm{b}} & D_{ij16}^{\mathrm{b}} \\ D_{ij21}^{\mathrm{b}} & D_{ij22}^{\mathrm{b}} & D_{ij23}^{\mathrm{b}} & D_{ij24}^{\mathrm{b}} & D_{ij25}^{\mathrm{b}} & D_{ij26}^{\mathrm{b}} \\ D_{ij31}^{\mathrm{b}} & D_{ij32}^{\mathrm{b}} & D_{ij33}^{\mathrm{b}} & D_{ij34}^{\mathrm{b}} & D_{ij35}^{\mathrm{b}} & D_{ij36}^{\mathrm{b}} \\ D_{ij41}^{\mathrm{b}} & D_{ij42}^{\mathrm{b}} & D_{ij43}^{\mathrm{b}} & D_{ij44}^{\mathrm{b}} & D_{ij45}^{\mathrm{b}} & D_{ij46}^{\mathrm{b}} \\ D_{ij51}^{\mathrm{b}} & D_{ij52}^{\mathrm{b}} & D_{ij53}^{\mathrm{b}} & D_{ij54}^{\mathrm{b}} & D_{ij55}^{\mathrm{b}} & D_{ij56}^{\mathrm{b}} \\ D_{ij61}^{\mathrm{b}} & D_{ij62}^{\mathrm{b}} & D_{ij63}^{\mathrm{b}} & D_{ij64}^{\mathrm{b}} & D_{ij65}^{\mathrm{b}} & D_{ij66}^{\mathrm{b}} \end{bmatrix} \begin{bmatrix} u_{jx}^{\mathrm{b}} \\ u_{jy}^{\mathrm{b}} \\ u_{jz}^{\mathrm{b}} \\ \theta_{jx}^{\mathrm{b}} \\ \theta_{jy}^{\mathrm{b}} \\ \theta_{jz}^{\mathrm{b}} \end{bmatrix} = \begin{bmatrix} F_{ijx}^{\mathrm{b}} \\ F_{ijy}^{\mathrm{b}} \\ F_{ijz}^{\mathrm{b}} \\ M_{ijx}^{\mathrm{b}} \\ M_{ijy}^{\mathrm{b}} \\ M_{ijz}^{\mathrm{b}} \end{bmatrix} \tag{5.34}$$

式中，上标 b 表示梁/柱结构，下标 i 、 j 为节点编号，向量 $\boldsymbol{u}_j^{\mathrm{b}}=\left(u_{jx}^{\mathrm{b}},u_{jy}^{\mathrm{b}},u_{jz}^{\mathrm{b}},\theta_{jx}^{\mathrm{b}},\theta_{jy}^{\mathrm{b}},\theta_{jz}^{\mathrm{b}}\right)^{\mathrm{T}}$ 表示节点 j 的位移，向量 $\boldsymbol{F}_{ij}^{\mathrm{b}}=\left(F_{ijx}^{\mathrm{b}},F_{ijy}^{\mathrm{b}},F_{ijz}^{\mathrm{b}},M_{ijx}^{\mathrm{b}},M_{ijy}^{\mathrm{b}},M_{ijz}^{\mathrm{b}}\right)^{\mathrm{T}}$ 表示节点 j 在节点 i 引起的力；$\boldsymbol{D}_{ij}^{\mathrm{b}}$ 为 6×6 矩阵，元素的下标数字 1～6 分别对应节点自由度 $\left(u_x,u_y,u_z,u_x,u_y,u_z\right)^{\mathrm{T}}$ 的顺序编号（下文板单元自由度编号同上）。

板结构弯曲振动的动刚度矩阵由前文计算得到，以平行于直角坐标系 xOy 平面的板结构为例，仅考虑弯曲振动的板结构的节点位移与节点力的关系为：

$$\begin{bmatrix} D_{ij33}^{\mathrm{p}} & D_{ij34}^{\mathrm{p}} & D_{ij35}^{\mathrm{p}} \\ D_{ij43}^{\mathrm{p}} & D_{ij44}^{\mathrm{p}} & D_{ij45}^{\mathrm{p}} \\ D_{ij53}^{\mathrm{p}} & D_{ij54}^{\mathrm{p}} & D_{ij55}^{\mathrm{p}} \end{bmatrix} \begin{bmatrix} u_{jz}^{\mathrm{p}} \\ \theta_{jx}^{\mathrm{p}} \\ \theta_{jy}^{\mathrm{p}} \end{bmatrix} = \begin{bmatrix} F_{ijz}^{\mathrm{p}} \\ M_{ijx}^{\mathrm{p}} \\ M_{ijy}^{\mathrm{p}} \end{bmatrix} \tag{5.35}$$

式中，上标 p 表示板结构，下标 i 、 j 为节点编号，向量 $\boldsymbol{u}_j^{\mathrm{p}}=\left(u_{jz}^{\mathrm{p}},\theta_{jx}^{\mathrm{p}},\theta_{jy}^{\mathrm{p}}\right)^{\mathrm{T}}$ 表示节点 j 的位移，向量 $\boldsymbol{F}_{ij}^{\mathrm{p}}=\left(F_{ijz}^{\mathrm{p}},M_{ijx}^{\mathrm{p}},M_{ijy}^{\mathrm{p}}\right)^{\mathrm{T}}$ 表示节点 j 在节点 i 引起的力。

为了实现梁/柱单元与板单元的耦合，需要将板单元弯曲振动与平面内振动的动刚度矩阵集成（由于本书主要关注建筑物的竖向振动，因此不对板单元平面内振动的动刚度矩阵求解方法进行详述），形成：

$$\begin{bmatrix} D_{ij11}^{\mathrm{p}} & D_{ij12}^{\mathrm{p}} & D_{ij13}^{\mathrm{p}} & D_{ij14}^{\mathrm{p}} & D_{ij15}^{\mathrm{p}} & D_{ij16}^{\mathrm{p}} \\ D_{ij21}^{\mathrm{p}} & D_{ij22}^{\mathrm{p}} & D_{ij23}^{\mathrm{p}} & D_{ij24}^{\mathrm{p}} & D_{ij25}^{\mathrm{p}} & D_{ij26}^{\mathrm{p}} \\ D_{ij31}^{\mathrm{p}} & D_{ij32}^{\mathrm{p}} & D_{ij33}^{\mathrm{p}} & D_{ij34}^{\mathrm{p}} & D_{ij35}^{\mathrm{p}} & D_{ij36}^{\mathrm{p}} \\ D_{ij41}^{\mathrm{p}} & D_{ij42}^{\mathrm{p}} & D_{ij43}^{\mathrm{p}} & D_{ij44}^{\mathrm{p}} & D_{ij45}^{\mathrm{p}} & D_{ij46}^{\mathrm{p}} \\ D_{ij51}^{\mathrm{p}} & D_{ij52}^{\mathrm{p}} & D_{ij53}^{\mathrm{p}} & D_{ij54}^{\mathrm{p}} & D_{ij55}^{\mathrm{p}} & D_{ij56}^{\mathrm{p}} \\ D_{ij61}^{\mathrm{p}} & D_{ij62}^{\mathrm{p}} & D_{ij63}^{\mathrm{p}} & D_{ij64}^{\mathrm{p}} & D_{ij65}^{\mathrm{p}} & D_{ij66}^{\mathrm{p}} \end{bmatrix} \begin{bmatrix} u_{jx}^{\mathrm{p}} \\ u_{jy}^{\mathrm{p}} \\ u_{jz}^{\mathrm{p}} \\ \theta_{jx}^{\mathrm{p}} \\ \theta_{jy}^{\mathrm{p}} \\ \theta_{jz}^{\mathrm{p}} \end{bmatrix} = \begin{bmatrix} F_{ijx}^{\mathrm{p}} \\ F_{ijy}^{\mathrm{p}} \\ F_{ijz}^{\mathrm{p}} \\ M_{ijx}^{\mathrm{p}} \\ M_{ijy}^{\mathrm{p}} \\ M_{ijz}^{\mathrm{p}} \end{bmatrix} \tag{5.36}$$

将梁/柱结构的动刚度矩阵 $\boldsymbol{D}_{ij}^{\mathrm{b}}$ 与板结构的动刚度矩阵 $\boldsymbol{D}_{ij}^{\mathrm{p}}$ 在对应节点处集成，即形成耦合结构的动刚度矩阵：

$$\boldsymbol{D}_{ij} = \boldsymbol{D}_{ij}^{\mathrm{b}} + \boldsymbol{D}_{ij}^{\mathrm{p}} \tag{5.37}$$

在算例 4 中（见图 5.15），以建筑物中一个基本房间为例（不考虑墙体），在板结构四边耦合梁结构中，在 4 个角点与柱结构耦合。4 个柱脚点固定，在

A_4 点施加 z 方向荷载 $P_{A4}=1\,000$ N/Hz，并计算 O 点的 z 方向位移响应。在谱单元模型中，板的四边均匀划分 16 个节点，每根梁均匀划分 5 个节点并与板在连接节点处耦合，每根柱子仅在两端划分节点，如图 5.15（a）。有限元模型的节点划分如图 5.15（b）、（c）所示。

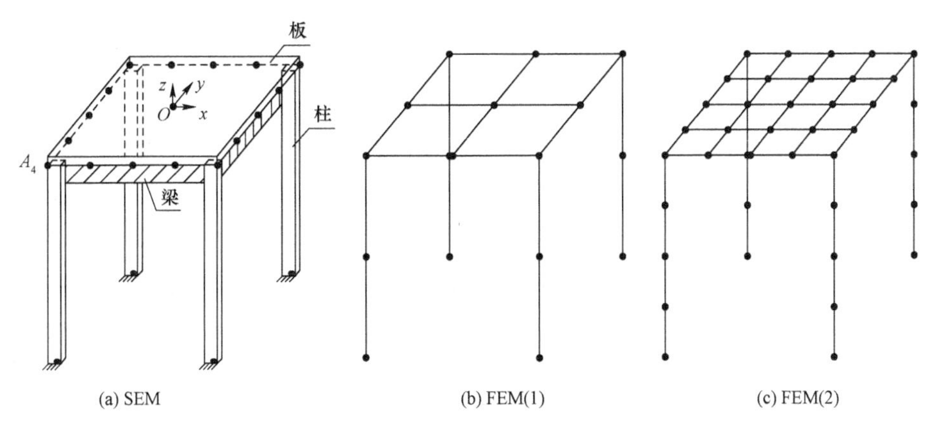

图 5.15　算例 4 梁–板–柱结构节点划分

算例 4 的计算结果如图 5.16 所示，由于算例 4 中的耦合结构没有解析解，因此仍采用高阶自振频率（第 4 阶）作为评价量对有限元模型进行节点数收敛性分析。分别选用网格尺寸为 0.4～2 m（节点数为 17～161）的有限元模型进行计算，结果如图 5.16（b）所示。可以看出若节点数过少，则准确度无法保证，随着节点数的增加，高阶自振频率值收敛。

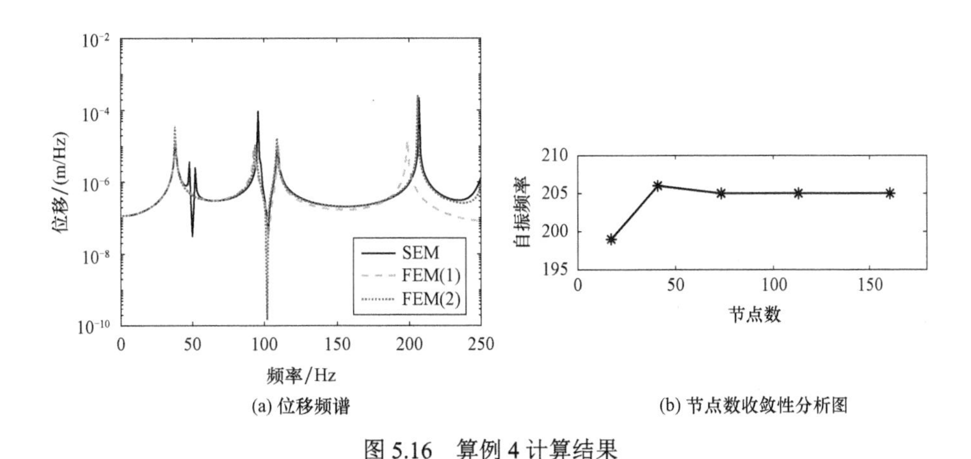

图 5.16　算例 4 计算结果

从图 5.16（a）中可以看出，当谱单元模型与有限元模型划分节点数量相近时，180 Hz 以上频段有限元计算结果差异过大，只有当有限元节点数远多于谱单元节点数时，二者的计算准确度才相似。在 50 Hz 左右频率处，谱单元计算结果出现一个小突变，这是由于矩形板与梁只在耦合的节点处符合位移连续条件，但在节点之间位移并不连续，导致板在两节点之间出现多余振型。

5.4 仍待解决的问题

本章推导矩形板弯曲振动的谱单元解法时，仍有一些细节问题尚未解决，从而导致某些频段出现病态计算结果，具体如下：

（1）在求解板的子问题形函数时，为了使板单元的节点自由度与梁/柱单元的自由度相对应，需要对板单元的节点自由度 θ_{xy} 进行缩减；为此，需要采用最小二乘法求解因自由度缩减而形成的欠定方程组，此过程会导致求得的叠加波幅值在某些频率处出现病态解；

（2）本书将二维问题分解为两个类一维子问题，即将矩形板的变形分解为两个单向板变形的叠加；为保证子问题 A、B 的位移场之和等于原问题位移场，子问题 B 的 D、U 两边边界上的节点位移需由原问题与子问题 A 共同确定；然而，其节点之间的位移则根据有限条单元法由节点位移插值确定，这将无法保证 D、U 两边除节点之外的位置上的变形符合“原问题的边界位移为子问题 A、B 的边界位移之和”这一条件；这将改变原问题 D、U 两边的边界条件，从而导致原问题的形函数不够准确，从而影响板结构谱单元法计算结果。

第 6 章

基于波的传播的周期性框架结构动力模型研究

大多数车辆段上盖建筑各楼层的层高、布局几乎一致，可以近似认为其沿高度方向具有周期性，因此可采用周期结构求解方法研究上盖建筑的振动响应。波–有限元法[103]首先建立周期结构胞元的有限元模型，在胞元边界施加周期性边界条件，求解得到结构中的弹性波。波–谱单元法可采用谱单元法建立胞元内部的模型，再按照周期结构中波的传播理论[106,108]，分析结构中波的传播特性。针对有限周期结构，可根据边界条件计算各弹性波的幅值，通过弹性波的叠加计算振动响应，得到有限周期结构计算模型。

6.1 周期结构中波的传播研究

6.1.1 胞元结构模型

图 6.1（a）为一无限周期性框架结构，其胞元为一个由梁、板、柱构件组成的框架结构，如图 6.1（b）所示，其中柱高 3 m，截面为 0.8 m×0.8 m 的正方形；板为长 6 m、宽 8 m、厚 0.2 m 的矩形；梁与板四边耦合，截面为 0.5 m×0.5 m 的正方形。梁、板、柱构件均采用混凝土制成，材料的弹性模量为 3.5×10^{10} Pa，密度为 2 500 kg/m^3，泊松比为 0.3，损耗因子取 $\eta = 0.1$。

胞元结构模型可以采用传统的有限元法或谱单元法进行模拟，如图 6.2 所示。无论采用哪种方法进行建模，均可将胞元结构模型的节点分为两类，其中一类是胞元和胞元之间的连接节点，在图 6.2 中以实心方点表示，两种胞元模型的上下边界均各有 4 个节点；另一类则是胞元内部节点，在图 6.2 中用实心圆点表示。若每个节点有 6 个自由度，则胞元上、下边界各有 $n_c = 24$ 个自由度。

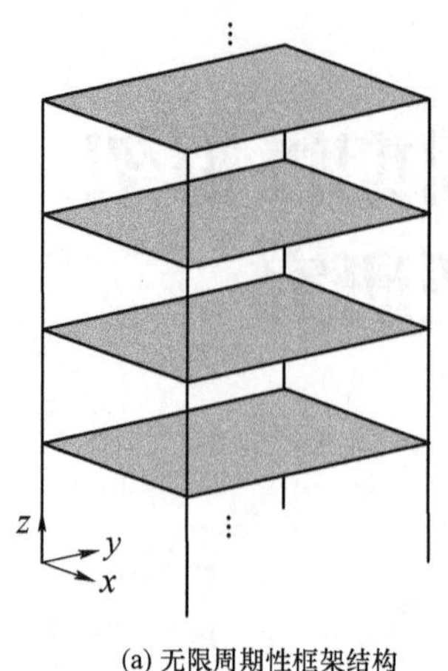

(a) 无限周期性框架结构

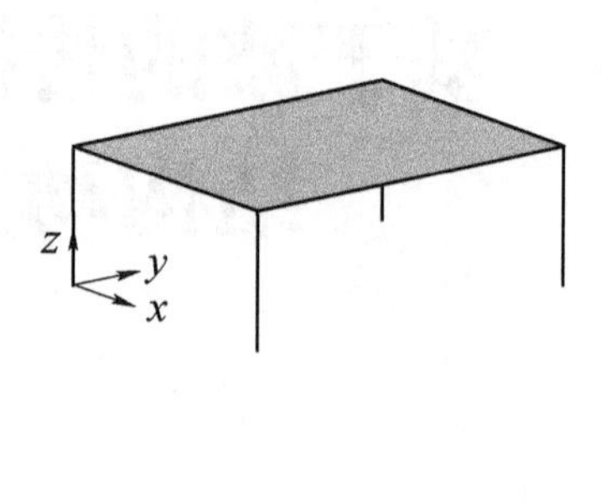

(b) 胞元结构

图 6.1　周期性框架结构

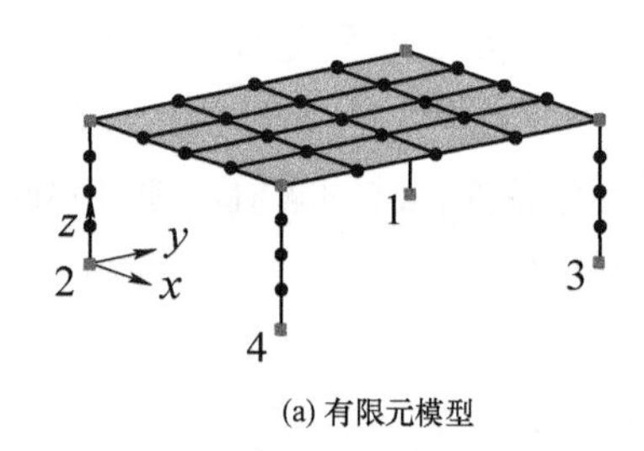

(a) 有限元模型

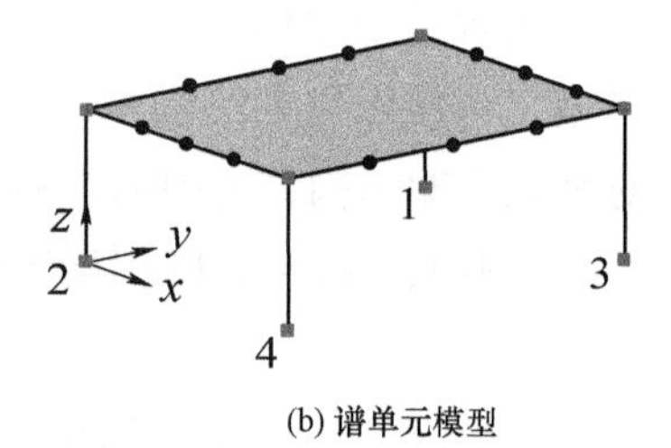

(b) 谱单元模型

图 6.2　胞元结构模型

根据动力平衡方程，得到胞元结构模型的力与位移的关系：

$$\begin{bmatrix} \boldsymbol{D}_{\mathrm{BB}} & \boldsymbol{D}_{\mathrm{BI}} & \boldsymbol{D}_{\mathrm{BT}} \\ \boldsymbol{D}_{\mathrm{IB}} & \boldsymbol{D}_{\mathrm{II}} & \boldsymbol{D}_{\mathrm{IT}} \\ \boldsymbol{D}_{\mathrm{TB}} & \boldsymbol{D}_{\mathrm{TI}} & \boldsymbol{D}_{\mathrm{TT}} \end{bmatrix} \begin{bmatrix} \boldsymbol{u}_{\mathrm{B}} \\ \boldsymbol{u}_{\mathrm{I}} \\ \boldsymbol{u}_{\mathrm{T}} \end{bmatrix} = \begin{bmatrix} \boldsymbol{F}_{\mathrm{B}} \\ \boldsymbol{F}_{\mathrm{I}} \\ \boldsymbol{F}_{\mathrm{T}} \end{bmatrix} \tag{6.1}$$

式中，$\boldsymbol{u}$ 表示位移，$\boldsymbol{F}$ 表示力，$\boldsymbol{D}$ 表示动刚度矩阵；下标 B、I、T 分别表示胞元下边界、内部、上边界的节点自由度。当弹性波在无外力作用的周期结构中自由传播时，内部节点自由度可以消减。胞元的下、上边界位移和力的关系满足：

$$\begin{bmatrix} \bar{\boldsymbol{D}}_{\mathrm{BB}} & \bar{\boldsymbol{D}}_{\mathrm{BT}} \\ \bar{\boldsymbol{D}}_{\mathrm{TB}} & \bar{\boldsymbol{D}}_{\mathrm{TT}} \end{bmatrix} \begin{bmatrix} \boldsymbol{u}_{\mathrm{B}} \\ \boldsymbol{u}_{\mathrm{T}} \end{bmatrix} = \begin{bmatrix} \boldsymbol{F}_{\mathrm{B}} \\ \boldsymbol{F}_{\mathrm{T}} \end{bmatrix} \tag{6.2}$$

其中，

$$\bar{\boldsymbol{D}}_{\mathrm{BT}}=\boldsymbol{D}_{\mathrm{BT}}-\boldsymbol{D}_{\mathrm{BI}}\boldsymbol{D}_{\mathrm{II}}^{-1}\boldsymbol{D}_{\mathrm{IT}}$$
$$\bar{\boldsymbol{D}}_{\mathrm{BB}}=\boldsymbol{D}_{\mathrm{BB}}-\boldsymbol{D}_{\mathrm{BI}}\boldsymbol{D}_{\mathrm{II}}^{-1}\boldsymbol{D}_{\mathrm{IB}}$$
$$\bar{\boldsymbol{D}}_{\mathrm{TB}}=\boldsymbol{D}_{\mathrm{TB}}-\boldsymbol{D}_{\mathrm{TI}}\boldsymbol{D}_{\mathrm{II}}^{-1}\boldsymbol{D}_{\mathrm{IB}}$$
$$\bar{\boldsymbol{D}}_{\mathrm{TT}}=\boldsymbol{D}_{\mathrm{TT}}-\boldsymbol{D}_{\mathrm{TI}}\boldsymbol{D}_{\mathrm{II}}^{-1}\boldsymbol{D}_{\mathrm{IT}}$$

根据 Floquet 理论[85]可知，在某一频率 ω 下，相邻胞元间的位移和力有如下关系：

$$\begin{aligned}\boldsymbol{u}_{\mathrm{B},n+1}&=\lambda\boldsymbol{u}_{\mathrm{B},n}\\ \boldsymbol{F}_{\mathrm{B},n+1}&=\lambda\boldsymbol{F}_{\mathrm{B},n}\end{aligned}\tag{6.3}$$

式中，n 为胞元编号，传播常数为 $\lambda=\mathrm{e}^{\mathrm{i}kL}$，其中 k 表示胞元间传播的弹性波的波数，L 表示胞元的长度。根据相邻胞元间的位移连续以及力的平衡关系，可得：

$$\begin{aligned}\boldsymbol{u}_{\mathrm{T},n}&=\boldsymbol{u}_{\mathrm{B},n+1}\\ \boldsymbol{F}_{\mathrm{T},n}&=-\boldsymbol{F}_{\mathrm{B},n+1}\end{aligned}\tag{6.4}$$

结合式（6.3）中波在相邻胞元之间的传递关系，以及式（6.4）中相邻胞元交界处的位移连续和力的平衡条件，可以得到胞元结构的周期性边界条件：

$$\begin{aligned}\boldsymbol{u}_{\mathrm{T},n}&=\lambda\boldsymbol{u}_{\mathrm{B},n}\\ \boldsymbol{F}_{\mathrm{T},n}&=-\lambda\boldsymbol{F}_{\mathrm{B},n}\end{aligned}\tag{6.5}$$

将胞元结构的动力平衡方程与周期性边界条件结合，即将式（6.5）代入胞元的动力平衡方程（6.2），得到周期结构的特征值问题

$$\left[\bar{\boldsymbol{D}}_{\mathrm{TB}}+\lambda(\bar{\boldsymbol{D}}_{\mathrm{TT}}+\bar{\boldsymbol{D}}_{\mathrm{BB}})+\lambda^2\bar{\boldsymbol{D}}_{\mathrm{BT}}\right]\cdot\boldsymbol{u}_{\mathrm{B}}=\boldsymbol{0}\tag{6.6}$$

式中，$\bar{\boldsymbol{D}}(\lambda)=[\bar{\boldsymbol{D}}_{\mathrm{TB}}+\lambda(\bar{\boldsymbol{D}}_{\mathrm{TT}}+\bar{\boldsymbol{D}}_{\mathrm{BB}})+\lambda^2\bar{\boldsymbol{D}}_{\mathrm{BT}}]$ 为特征多项式，若胞元的下边界和上边界分别有 n_{c} 个自由度，那么根据式（6.6）可解出 $2n_{\mathrm{c}}$ 个特征值 λ 和特征向量 $\boldsymbol{\Phi}$。根据特征值 λ 可以得到 n_{c} 对互为相反数的波数 k，它们分别表示 n_{c} 对正反方向传播的弹性波；与之对应的 $\boldsymbol{\Phi}$ 为每个弹性波的位移特征向量，对应于胞元下（上）边界自由度的位移变形，每对相反方向传播的弹性波的位移特征向量一致，结合式（6.1）可以得到相应的胞元模态：

$$\boldsymbol{q}=\begin{bmatrix}\boldsymbol{\Phi}\\ -\boldsymbol{D}_{\mathrm{II}}^{-1}\boldsymbol{D}_{\mathrm{IB}}\boldsymbol{\Phi}-\lambda\boldsymbol{D}_{\mathrm{II}}^{-1}\boldsymbol{D}_{\mathrm{IT}}\boldsymbol{\Phi}\\ \lambda\boldsymbol{\Phi}\end{bmatrix}\tag{6.7}$$

根据式（6.2），力特征向量可表示为 $\boldsymbol{\psi}=(\bar{\boldsymbol{D}}_{\mathrm{BB}}+\lambda\bar{\boldsymbol{D}}_{\mathrm{BT}})\boldsymbol{\Phi}$。

6.1.2　波的传播特性

以图 6.1（a）中的结构为例，根据上述周期结构理论计算无限周期结构的弹性波传播特性。在每个频率点处，根据周期结构胞元的特征值问题可以得到

$n_c = 24$ 对正反方向传播的波。在不考虑阻尼的情况下，将 0～100 Hz 内的频率与波数的关系绘制成如图 6.3 所示的图形。其中，波数的实部表示波的传播特性，虚部表示波沿传播方向的衰减特性。当波数为纯实数时，波在结构中传播且无衰减；当波数为纯虚数时，波在结构中无法传播。当考虑阻尼时，将 0～100 Hz 内的频率与波数的关系绘制成如图 6.4 所示的图形，波数不再为纯实数或者纯虚数，而变为复数，即波在传播过程中随距离衰减。当波数的虚部较大时，波随传播距离的衰减速度很快，这一类波称之为衰减波；而对于波数虚部较小的波，其随距离衰减较慢，可以传播至较远距离，因此称之为传播波。

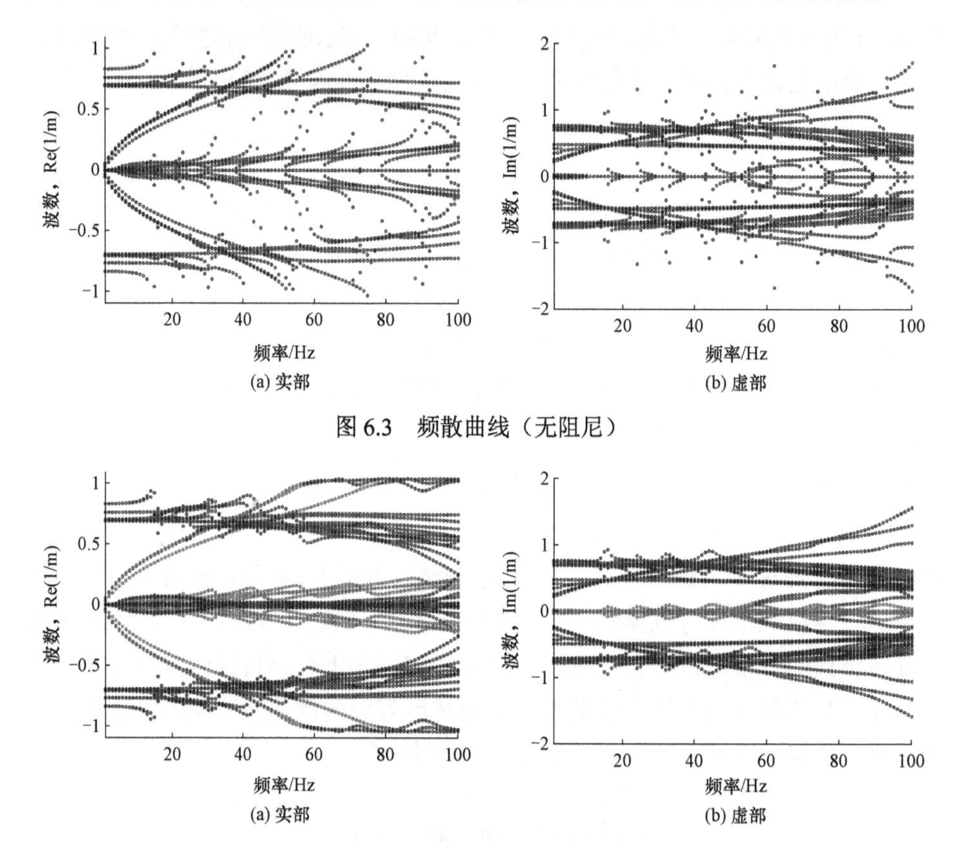

图 6.3　频散曲线（无阻尼）

图 6.4　频散曲线（有阻尼）

结构中的弹性波数量较多，所以图 6.3 和图 6.4 所示的频散曲线比较杂乱，而由于衰减波对结构振动响应的贡献相对较小，因此下面将主要针对传播波进行分析（频散曲线如图 6.4 中散点所示）。首先需要对不同模态的传播波进行分离，然后再逐一分析各个波的传播特性。

波的模态分离法可通过模态置信准则（modal assurance criterion，MAC）

值[142]评价各个频率下波模态的相关性，将同一种波筛选出来。由于通过式（6.6）求解得到的特征向量可以反映不同波的模态差异，因此以特征向量作为模态评价量，计算不同波模态的 MAC 值，计算公式如下：

$$\mathrm{MAC}(r,q)=\frac{\left|\boldsymbol{\Phi}_{\omega_1,r}^{\mathrm{T}}\bullet\boldsymbol{\Phi}_{\omega_2,q}^{*}\right|^2}{(\boldsymbol{\Phi}_{\omega_1,r}^{\mathrm{T}}\bullet\boldsymbol{\Phi}_{\omega_1,r}^{*})(\boldsymbol{\Phi}_{\omega_2,q}^{\mathrm{T}}\bullet\boldsymbol{\Phi}_{\omega_2,q}^{*})} \tag{6.8}$$

式中，$\boldsymbol{\Phi}_{\omega_1,r}$ 表示频率 ω_1 下的第 r 个波的特征向量，$\boldsymbol{\Phi}_{\omega_2,q}$ 表示频率 ω_2 下的第 q 个波的特征向量，其中 $r,q=1,2,\cdots,2n_{\mathrm{c}}$。MAC 是一个 0 到 1 之间的实数，MAC = 0 表示两种波的模态不相关，MAC = 1 表示两种波的模态完全相关。当 MAC ＞ 0.9 时，相关性强，即可判定二者属于同一类型的波。基于此，将 0～100 Hz 频段内具有相同模态的波分离出来，筛选出 7 对具有特征模态的传播波，即特征波，频散曲线如图 6.5 所示。

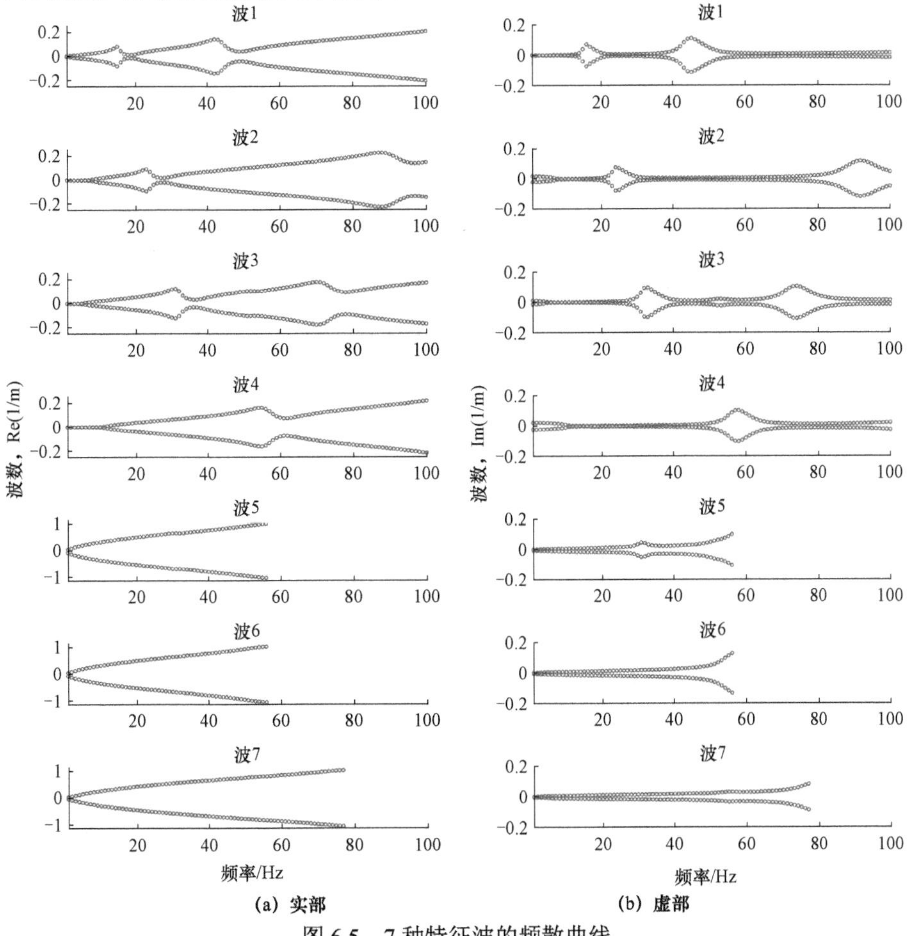

(a) 实部　　(b) 虚部

图 6.5　7 种特征波的频散曲线

从图 6.5 中特征波的虚部频散曲线可以看出，在某些频段虚部突然增大，这说明在该频段内，特征波衰减迅速，无法通过周期性框架结构，该频段即为特征波的衰减域；而在虚部较小的频段内，特征波可以在结构中传播，该频段被称之为通域。

结合图中的频散曲线可以看出，波 1 的通域为 1～15 Hz、20～40 Hz、55～100 Hz，波 2 的通域为 10～20 Hz、30～80 Hz，波 3 的通域为 5～25 Hz、40～65 Hz、85～100 Hz，波 4 的通域为 10～50 Hz、70～100 Hz，波 5、波 6 的通域为 0～50 Hz，波 7 的通域为 0～70 Hz。

6.1.3 波的模态

根据各个特征波的特征向量，通过式（6.7）可以计算出相应的胞元模态。在给定频率下，将这 7 种特征波对应的胞元模态绘制成如图 6.6（a）～图 6.12（a）所示的图形，进而根据胞元之间波的传播关系，得到 7 种波模态，如图 6.6（b）、（c）～图 6.12（b）、（c）所示。

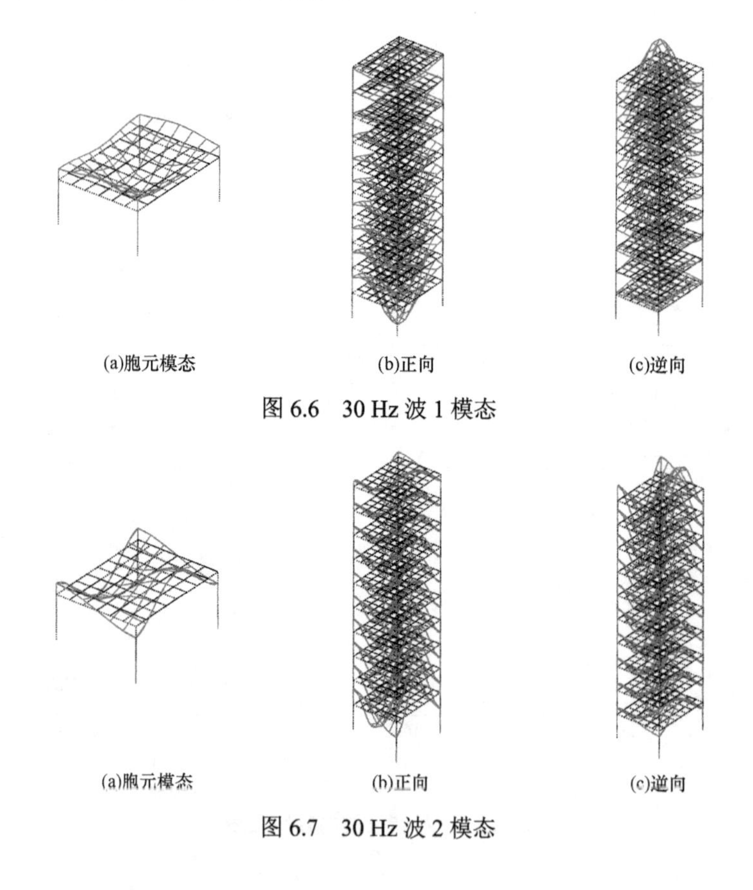

(a)胞元模态 (b)正向 (c)逆向

图 6.6 30 Hz 波 1 模态

(a)胞元模态 (b)正向 (c)逆向

图 6.7 30 Hz 波 2 模态

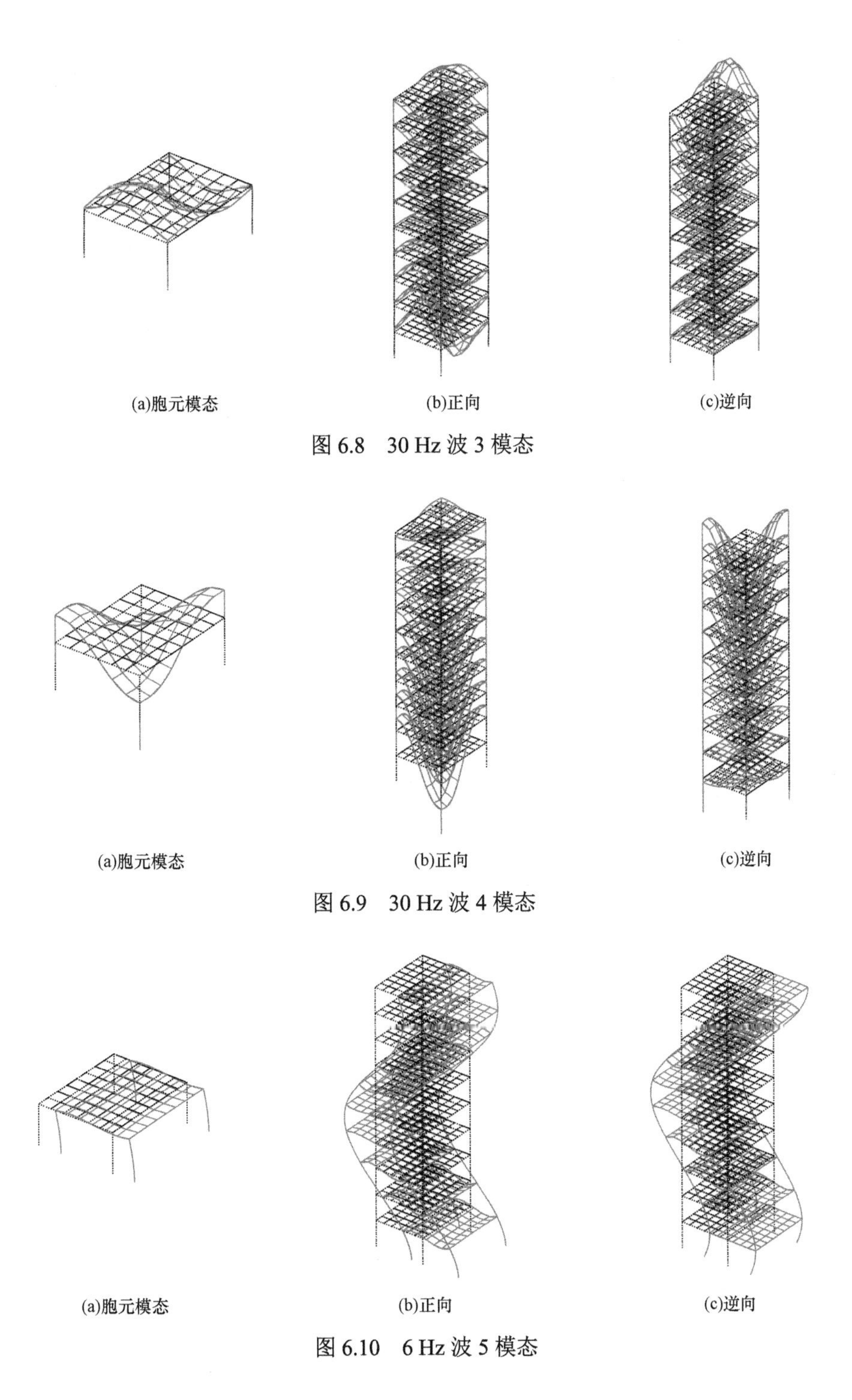

图 6.8　30 Hz 波 3 模态

图 6.9　30 Hz 波 4 模态

图 6.10　6 Hz 波 5 模态

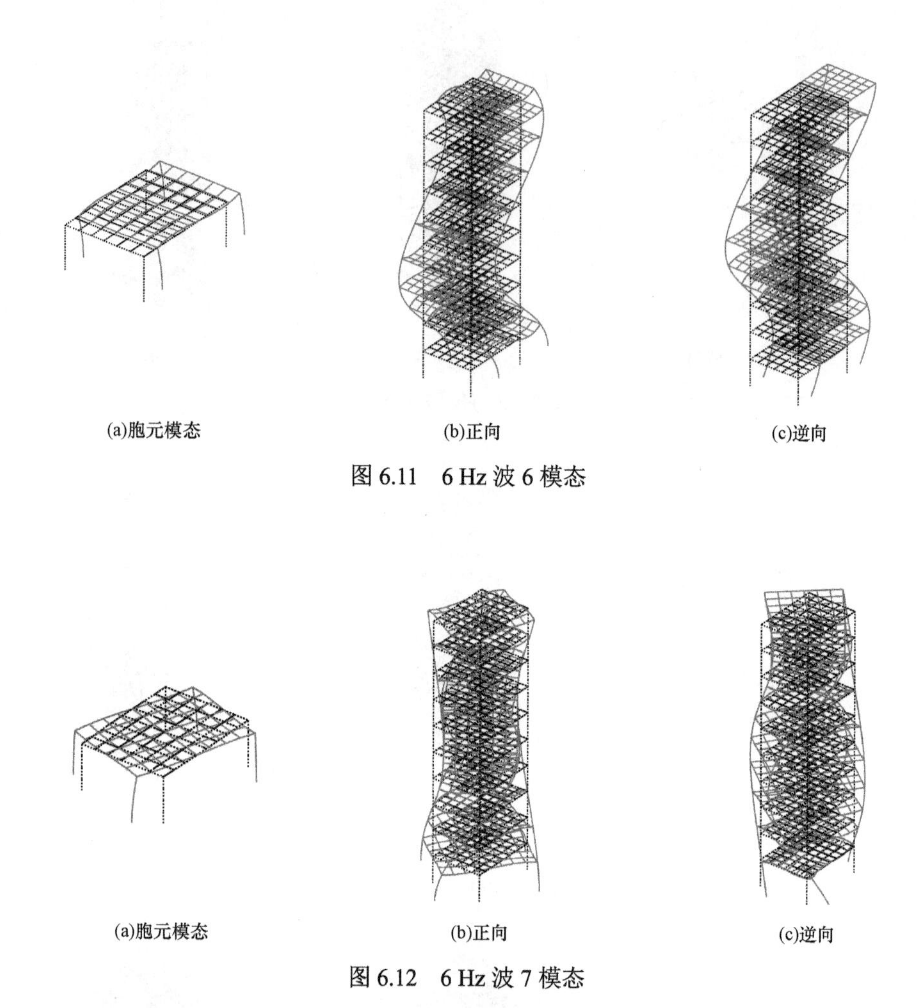

(a)胞元模态　(b)正向　(c)逆向

图 6.11　6 Hz 波 6 模态

(a)胞元模态　(b)正向　(c)逆向

图 6.12　6 Hz 波 7 模态

定义自下而上传播的波为正向传播波，自上而下传播的波为逆向传播波。波 1～波 4 为 4 种以轴向压缩模态为主的轴向波，其模态分别为：波 1 关于结构竖向中轴线对称，波 2 关于平行于 yOz 的结构中面反对称，波 3 关于平行于 xOz 的结构中面反对称，波 4 关于结构的两个对角线对称，波 5 和波 6 分别为绕 y 轴和绕 x 轴弯曲的弯曲波，波 7 为扭转波。

通过对上述 7 种特征波的波模态观察可知，具有轴向波模态的波 1～波 4 对结构竖向振动有主要贡献，而波 5～波 7 则主要引起结构的水平向振动。据此推论，对于仅考虑轴向振动的单跨周期性框架结构，其振动响应主要由 4 种轴向波组成，在下节将对该推论进行验证。

对于仅考虑竖向振动的框架结构来说，由于在 4 个柱脚节点中，竖向位移对应的自由度远大于其他转角或位移自由度，为了方便对轴向波的模态进行表示，可以仅以胞元柱脚点的竖向位移作为模态控制向量，如式（6.9）所示。

$$\begin{aligned}\hat{\boldsymbol{\Phi}}_1 &= [1 \quad 1 \quad 1 \quad 1]^{\mathrm{T}} \\ \hat{\boldsymbol{\Phi}}_2 &= [1 \quad 1 \quad -1 \quad -1]^{\mathrm{T}} \\ \hat{\boldsymbol{\Phi}}_3 &= [1 \quad -1 \quad 1 \quad -1]^{\mathrm{T}} \\ \hat{\boldsymbol{\Phi}}_4 &= [1 \quad -1 \quad -1 \quad 1]^{\mathrm{T}}\end{aligned} \tag{6.9}$$

式中，向量各个元素对应的节点顺序与图 6.2（b）中的节点编号顺序一致。

6.2　周期结构中波的叠加

6.2.1　有限周期结构中波的幅值

Zhang 等[108]根据结构的振动等于波的叠加这一原理，分别对端部受激励和中间受激励的有限周期结构振动响应进行了推导。本节将按照其对端部受激励情况的推导思路，计算有限周期结构的振动响应。

周期结构的振动响应可以表示为上述 n_{c} 对弹性波的叠加，对于一个 N 层有限周期结构，第 N_i 层的位移振动响应为：

$$\boldsymbol{u}_{N_i} = \sum_{j=1}^{n_{\mathrm{c}}} \boldsymbol{\Phi}_{\mathrm{p},j} \lambda_{\mathrm{p},j}^{N_i-1} a_{\mathrm{p},j} + \sum_{j=1}^{n_{\mathrm{c}}} \boldsymbol{\Phi}_{\mathrm{n},j} \lambda_{\mathrm{n},j}^{-(N-N_i+1)} a_{\mathrm{n},j} \tag{6.10}$$

式中，$\boldsymbol{\Phi}_{\mathrm{p},j}$ 表示一层底部边界节点自由度的位移特征向量，$\boldsymbol{\Phi}_{\mathrm{n},j}$ 表示第 N 层顶部边界节点自由度的位移特征向量，$a_{\mathrm{p},j}$、$a_{\mathrm{n},j}$ 分别表示第 j 对正、反方向传播波的幅值。根据特征力与特征位移的关系，可以得到第 N_i 层的力的响应：

$$\boldsymbol{F}_{N_i} = \sum_{j=1}^{n_{\mathrm{c}}} \boldsymbol{\Psi}_{\mathrm{p},j} \lambda_{\mathrm{p},j}^{N_i-1} a_{\mathrm{p},j} + \sum_{j=1}^{n_{\mathrm{c}}} \boldsymbol{\Psi}_{\mathrm{n},j} \lambda_{\mathrm{n},j}^{-(N-N_i+1)} a_{\mathrm{n},j} \tag{6.11}$$

式中，$\boldsymbol{\Psi}_{\mathrm{p},j}$ 表示一层底部边界节点自由度的力特征向量，$\boldsymbol{\Psi}_{\mathrm{n},j}$ 表示第 N 层顶部边界节点自由度的力特征向量。

每种弹性波的幅值根据有限周期结构两端边界上的激励和约束条件确定。根据式（6.10）与式（6.11）中位移与力的响应计算，一个 N 层有限周期结构的底层和顶层边界位移和力可以表示为：

$$
\begin{aligned}
\boldsymbol{u}_1 &= \sum_{j=1}^{n_c} \boldsymbol{\Phi}_{p,j} a_{p,j} + \sum_{j=1}^{n_c} \boldsymbol{\Phi}_{n,j} \lambda_{n,j}^{-N} a_{n,j} \\
\boldsymbol{F}_1 &= \sum_{j=1}^{n_c} \boldsymbol{\Psi}_{p,j} a_{p,j} + \sum_{j=1}^{n_c} \boldsymbol{\Psi}_{n,j} \lambda_{n,j}^{-N} a_{n,j} \\
\boldsymbol{u}_{N+1} &= \sum_{j=1}^{n_c} \boldsymbol{\Phi}_{p,j} \lambda_{p,j}^{N} a_{p,j} + \sum_{j=1}^{n_c} \boldsymbol{\Phi}_{n,j} a_{n,j} \\
\boldsymbol{F}_{N+1} &= \sum_{j=1}^{n_c} \boldsymbol{\Psi}_{p,j} \lambda_{p,j}^{N} a_{p,j} + \sum_{j=1}^{n_c} \boldsymbol{\Psi}_{n,j} a_{n,j}
\end{aligned} \tag{6.12}
$$

结构中 n_c 对弹性波对应 $2n_c$ 个未知幅值，在结构两端边界的力向量和位移向量中，只需知道任意两种边界条件，例如底部力向量 $\boldsymbol{F}_1$ 和顶部位移向量 $\boldsymbol{u}_{N+1}$，或底部力向量 $\boldsymbol{F}_1$ 和顶部力向量 $\boldsymbol{F}_{N+1}$ 等，即可根据式（6.12）得到 $2n_c$ 个等式，从而求解各个波对应的幅值系数 $a_{p,j}$ 与 $a_{n,j}$。

6.2.2 结构振动响应求解

图 6.13 为一个 10 层有限周期性框架结构，其几何属性与材料属性与 6.1 节实例相同。在结构最底端的柱脚点 A 的 x、y、z 三个方向施加单位扫频力 $F_x = F_y = F_z = 1\,\text{N/Hz}$，结构底部 4 个柱脚点的其余自由度均采用固定约束，上部结构自由无约束。

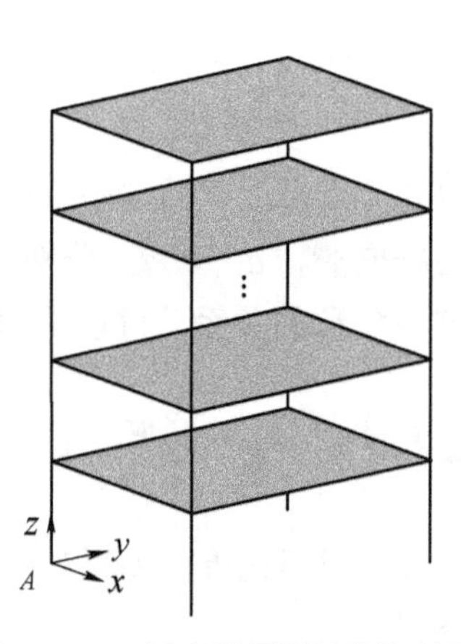

图 6.13 10 层有限周期性框架结构

这里分别选取第 4、7、10 层楼板中央测点 z 方向的位移响应进行频谱分析，根据式（6.10）将结构中所有的波按照对应的幅值叠加，得到的振动响应如图 6.14 所示。

为了验证 6.1.3 节中单跨周期性框架结构的轴向振动响应主要由 4 对轴向特征波组成这一推论，计算由 4 对轴向波叠加得到的各层楼板中央的 z 方向的位移响应，如图 6.14 虚线所示，称之为对比工况。由图 6.14 可以看出，原始工况与对比工况在 0～100 Hz 频段内吻合良好，因此在计算单跨周期性框架结构的轴向振动响应时，仅考虑 4 对轴向特征波即可得到较精确的结果。

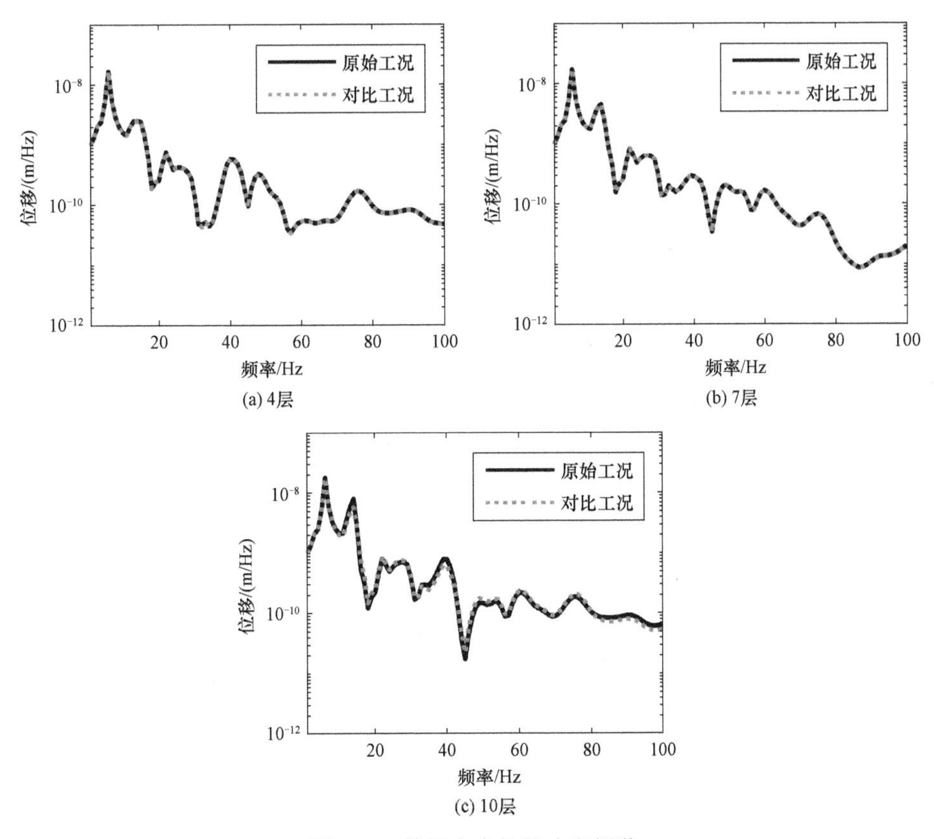

(a) 4层　(b) 7层　(c) 10层

图 6.14　楼板中央位移响应频谱

第 7 章

车辆段上盖建筑振动响应传递函数数据库及传递特性研究

本章将基于周期性框架结构动力求解方法，计算 140 种典型建筑工况下振动响应传递函数，建立响应函数数据库，实现建筑物典型跨基底到室内振动的快速计算。此外，建筑物内振动传递特性与多种影响因素有关，较为复杂，是研究的重点内容之一，本章将从结构的振型和振型的参与度方面深入分析建筑结构中的振动传递规律和参数影响规律，力图从理论角度阐述建筑物内振动传递规律的复杂性。

本章是从科学性研究的角度，研究单一或组合因素对传递规律的影响，而不涉及结果实际准确度的校核。因此，在建模过程中，为了更有针对性地研究上盖建筑房间跨度、高度等因素对振动传递规律的影响，从而解释不同工况振动传递规律存在差异的原因，本章将数值模型进行了一系列的假设和简化，如将上盖建筑简化为等跨度结构；假设框架式住宅建筑沿高度方向近似呈周期性；模型中仅考虑梁、板、柱基本承重结构，而忽略隔断墙、门窗、楼梯等附属结构；不考虑平台结构与建筑结构之间的振动耦合损失；不考虑建筑物与下部结构之间的相互作用关系对其响应传递函数的影响；假设建筑物各承重结构柱底所受激励为一致激励等。

7.1 建筑物振动影响因素分析及工况设计

车辆段环境振动预测体系可分为振源预测、传播路径预测和受振体预测 3 个环节。其中，受振体振动预测主要与两部分有关，即建筑基底与平台的耦合、振动在建筑结构中的传递，涉及的主要影响因素如图 7.1 所示。车辆段平台上方建成上盖建筑后，原自由平台的振动响应由于平台结构与建筑结构的耦合作用而有所衰减，耦合损失的大小与上盖建筑的基础形式和建筑体量相关，即与具体工程情况相关，对此本章不做深入研究。建筑结构中影响微振动传递的因素较多，主要包括由梁、板、柱构件组成的基本承重结构，隔断墙、门窗、楼梯等附属结构，以及室内装饰层等非结构物，其中基本承重结构对建筑物的振动传递规律影响最为明显，本章将针对基本结构展开振动响应的参数影响分析。

在对建筑物的振动响应进行分析评价时，通常选择一个或几个较典型的跨进行研究，称之为建筑物振动分析的典型跨。在典型跨的研究中，梁、板、柱结构的几何参数和材料参数对振动的传递规律产生影响，主要包括每一楼层的跨数、跨度、高度、板厚、梁/柱构件截面尺寸、构件材料，以及总楼层数。对于住宅用框架式上盖建筑，层高基本为3 m左右，梁、板、柱基本构件尺寸差异不大，绝大多数采用钢筋混凝土制成，因此分析过程中可以忽略层高、构件尺寸和材料的影响。由于列车通过引起的各承重柱振动响应之间的相干性不大，虽然每栋建筑物所含跨数不同，但当选定某一典型跨进行振动响应分析时，仅需考虑该典型跨及其附近的跨，与建筑物的跨数多少无关。因此，本章的参数影响分析主要考虑楼层数量（即建筑物高度）及典型跨跨度这两个因素。

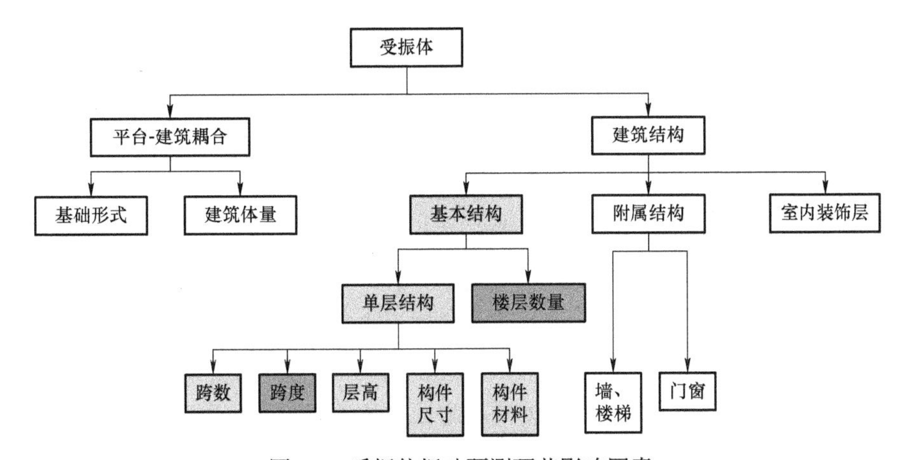

图7.1　受振体振动预测环节影响因素

本章将上盖建筑简化为等跨度结构。对于住宅建筑，常用的跨度一般为4～9 m，且纵横两方向跨度比不宜过大。基于此，本章分析选取的纵横跨度比不超过2:1，确定的跨度组合如表7.1中“☆”所示。根据《建筑抗震设计规范》（GB 50011—2010）[143]的规定，在6级抗震烈度地区，框架结构高度不得超过60 m。北京、上海等城市地区，抗震烈度要求通常为7～8级，因此对框架结构的楼层数量限制也更加严格。基于上述规定，以城市地区常见的框架结构高度范围为参考，本章分析中考虑的楼层数量为 6～12 层。

表 7.1 纵横方向跨度组合

单位：m

跨度	4	5	6	7	8	9
4	☆	☆	☆	☆	☆	
5		☆	☆	☆	☆	☆
6			☆	☆	☆	☆
7				☆	☆	☆
8					☆	☆
9						☆

综上，针对框架式建筑物的振动响应研究，本章选取 140 种典型工况进行计算分析，包括 20 种纵横跨度组合（见表 7.1）及 7 种楼层数量（6～12）。

7.2 响应传递函数数据库

7.2.1 响应传递函数的定义

振动在车辆段内的传播包含多个环节：轮轨系统、道床、车辆段平台、建筑基底、建筑物等。在振源荷载的激励下，各个子系统都会产生振动响应，此时不同环节的响应之间存在频域响应量值比，即响应传递函数（response transfer function，RTF）。吴宗臻[144]给出响应传递函数的定义为：在频域内，在同一振源荷载激励下，不同子系统的振动响应之比，其表达式为：

$$I_n^m(\omega)=\frac{R_m(\omega)}{R_n(\omega)} \tag{7.1}$$

式中，$R_m(\omega)$ 表示第 m 个子系统的频域振动响应，$R_n(\omega)$ 表示第 n 个子系统的频域振动响应，$I_n^m(\omega)$ 表示第 m 个子系统与第 n 个子系统的频域振动响应传递函数。

需要注意的是，响应传递函数的概念与传递函数是不同的。传递函数（transfer function，TF）定义为在零初始条件下，线性系统响应量的拉普拉斯变换与激励量的拉普拉斯变换之比[145、146]。

下面以包含 2 个子系统的振动传递系统为例阐述响应传递函数的含义。振动传递系统如图 7.2 所示，振源激励 F_1 作用于系统 1，产生了响应 R_1，振动能量传至系统 2，产生了响应 R_2，整个系统向外界产生了作用力 F_3。此时系统 1 有传递函数 T_1，系统 1 到系统 2 有响应传递函数 T_2，分别如式（7.2）、式（7.3）所示。

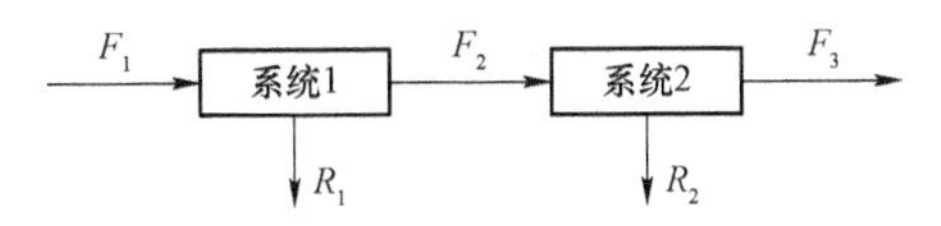

图 7.2　振动传递系统

$$T_1=\frac{R_1}{F_1} \tag{7.2}$$

$$T_2=\frac{R_2}{R_1} \tag{7.3}$$

针对车辆段上盖建筑，以某一典型跨作为研究对象，将典型跨室内振动频域响应与基底振动频域响应之比作为响应传递函数，以此对建筑物的振动传递规律进行研究。

7.2.2　数据库的建立

图 7.3 为一个车辆段平台–上盖建筑结构，在列车通过时会引起上盖建筑的振动，假设建筑物各承重结构柱底所受激励为一致激励，以如图中浅区域所示的部分为典型跨进行振动响应计算。计算时，可根据典型跨的特征，从周期结构中波的传播角度对结构进行抽象，减少参与计算的波的数量，以提高计算效率，实现快速计算。

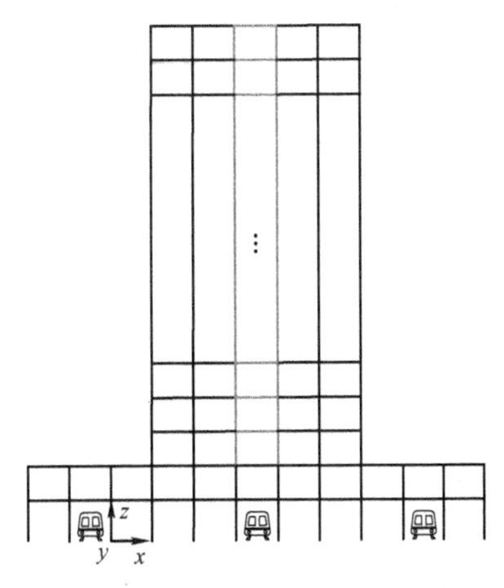

图 7.3　平台–上盖建筑结构立面图

在 7.1 节设计的 140 种工况中，包含 20 种不同的典型跨胞元尺寸。对于跨度相同、楼层数量不同的工况，结构中波的传播常数相同。在分别得到 20 种典型跨跨度工况的特征波传播常数后，可计算 140 种典型工况的响应传递函数，从而建立上盖建筑结构的响应传递函数数据库。当进行建筑结构振动响应预测分析时，可根据典型跨的跨度、楼层数量、测点位置这 3 个参数，直接从数据库中调用响应传递函数。

7.2.3 建筑物振动传递特性分析

鉴于篇幅有限，本节仅给出响应传递函数的部分计算结果图。图 7.4 和图 7.5 给出了 2 种典型跨（跨度分别为 6 m×6 m 和 8 m×8 m）、4 种楼层数量（6、8、10、12 层楼），共计 8 种工况下，典型跨基底到各楼层柱脚测点的响应传递函数，显示了响应传递函数随频率和楼层的变化规律。当响应传递函数值大于 1 时，说明相比于建筑基底响应，该楼层室内振动响应有所放大，在图中以深色表示；当响应传递函数小于 1 时，说明室内响应相比于基底响应有所衰减，在图中以浅色表示。0～100 Hz 频段内的各个深色峰值表示结构在自振频率处的振型，可以看出振动在结构的共振频率处有明显放大。

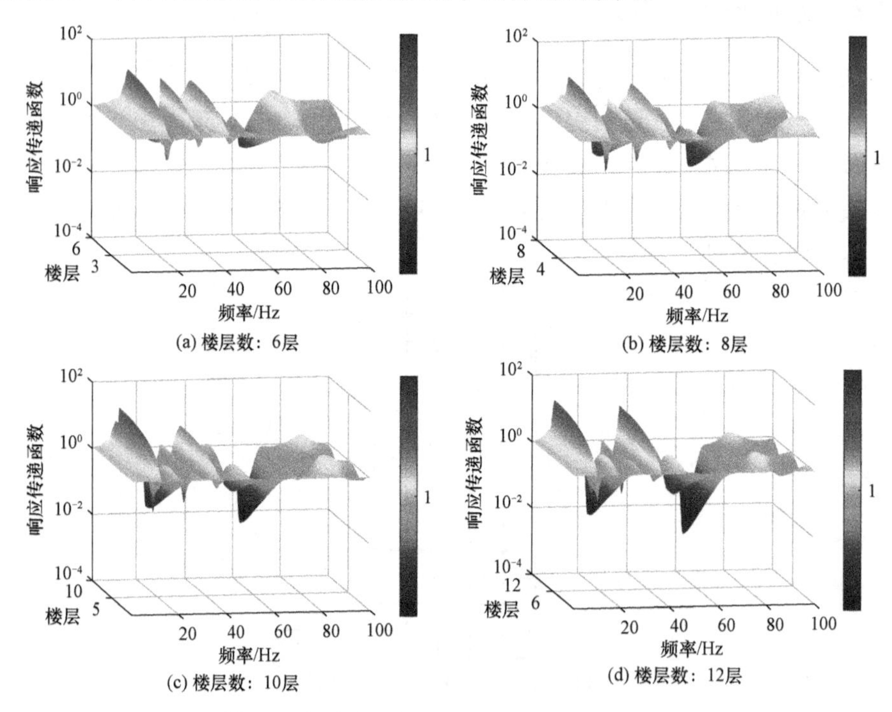

(a) 楼层数：6层　(b) 楼层数：8层　(c) 楼层数：10层　(d) 楼层数：12层

图 7.4 柱底响应传递函数（跨度 6 m×6 m）

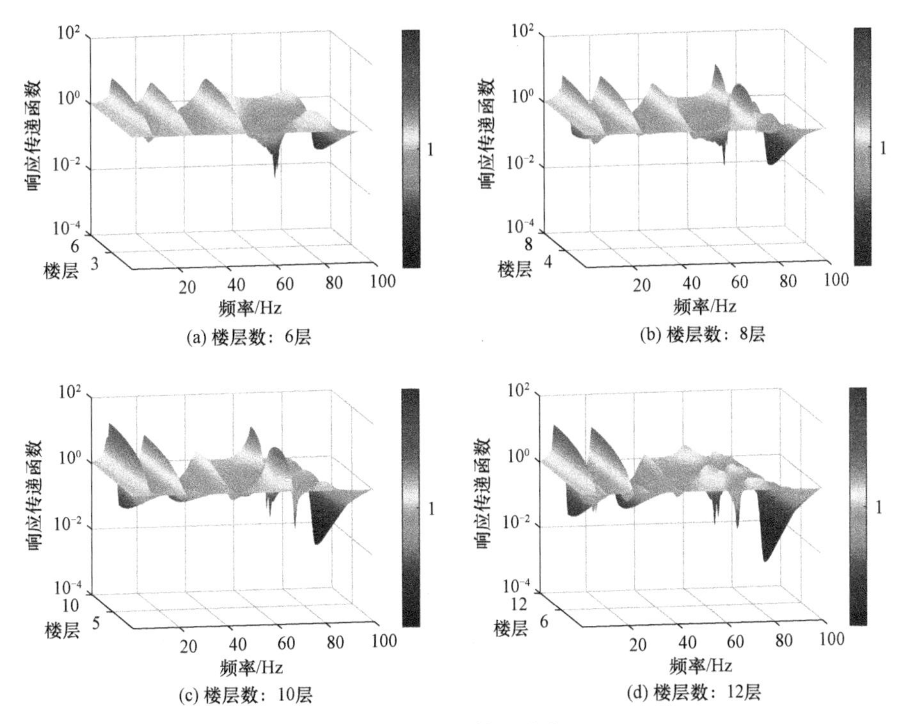

(a) 楼层数：6层　(b) 楼层数：8层

(c) 楼层数：10层　(d) 楼层数：12层

图 7.5　柱底响应传递函数（跨度 8 m×8 m）

从图 7.4 和图 7.5 可以看出，建筑结构的各阶自振频率随工况的改变发生移动。由于建筑结构的跨度和高度对不同阶次的自振频率的影响大体一致，因此仅以第 1 阶自振频率为例进行分析。将 6 种跨度、7 种楼层数的计算结果绘制于图 7.6 中，可以看出当跨度一定时，建筑结构的楼层数量越多，自振频率越向低频靠近；当楼层数量一定时，建筑结构的跨度越大，自振频率越向低频靠近。

在图 7.4 和图 7.5 所示的工况中，由于自振频率随着楼层数量的增多而向低频移动，所以 0～100 Hz 频段内的振型数量也随之增多，且振型趋于复杂化。从图 7.5 可以看出，跨度为 8 m×8 m 的建筑工况，6 层建筑和 8 层建筑分别包含 4 阶振型，而 10 层建筑和 12 层建筑则包含 5 阶振型，且高阶振型较低阶振型复杂。

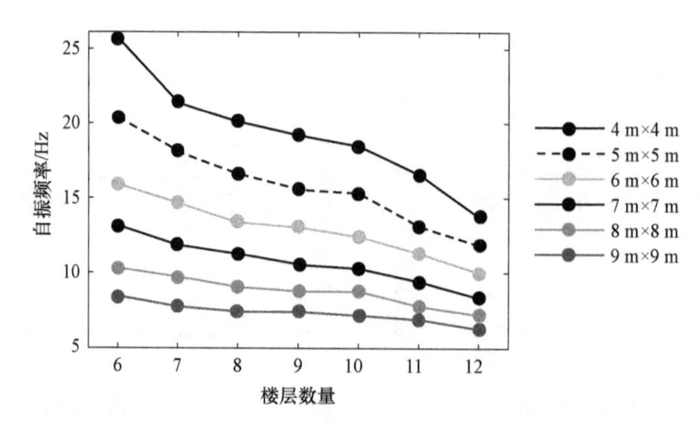

图 7.6　第 1 阶自振频率随楼层数量、跨度变化规律图

为了更清晰地分析振动沿楼层方向的分频传递特性，将图 7.4 和图 7.5 的响应传递函数沿楼层方向进行归一化处理，得到的归一化响应传递函数表示为：

$$I_{\text{mode}}(z,f)=\frac{R_{柱底}(z,f)}{R_{柱底}^{\max}(f)} \tag{7.4}$$

式中，$R_{柱底}(z,f)$ 为关心频段内所有楼层的柱底响应传递函数；$R_{柱底}^{\max}(f)$ 为沿楼层方向响应传递函数的最大值，注意，不同频率对应的最大值可能位于不同楼层；$I_{\text{mode}}(z,f)$ 为归一化响应传递函数。将归一化响应传递函数在频域和各楼层的分布图绘制成归一化能量带图，如图 7.7 和图 7.8 所示。

可以看出，归一化响应传递函数沿楼层方向呈起伏式波动分布，但在某些频段内出现衰减域，影响振动能量沿楼层方向的传播，对能量沿楼层方向的起伏式波动造成扰动。衰减域是由周期框架结构的固有特性造成的，在衰减域内，胞元结构内部产生局域共振，使能量无法传播至较高楼层。从归一化响应传递函数图中可以看出，在衰减域内，1 层以上的能量急剧衰减。

通过对“深孔形深色窄带”所表示的衰减域进行分析发现：对于跨度相同的结构，衰减域的位置不随楼层数量的改变而发生变化，这是因为胞元结构并未发生变化，所以无论胞元的数量如何改变，衰减域不发生变化；对于跨度不同的结构，随着跨度的增大，衰减域向低频移动。

接着针对归一化响应传递函数的能量带云图（见图 7.7 和图 7.8）进行分析。在较低频段，能量带的“波峰”和“波谷”沿楼层方向的交替变化较稀疏，说明振型较简单；而在较高频段，“波峰”和“波谷”沿楼层方向的交替变化更频繁，说明振型逐渐复杂。以图 7.7（d）为例，在 0～10 Hz 频段内，振型随楼层单调递增，而在 80 Hz 附近，振型的变化则出现非单调的特征。

为了对不同工况的各阶振型进行更进一步的分析，根据图 7.4 和图 7.5 的深色峰值，在图 7.7 和图 7.8 所示的能量带云图中的频率坐标轴上标记各阶共振频率的位置，以“×”符号表示。通过观察发现，在频率坐标轴上的共振点恰好全部落在能量带的正中央，共振点与能量带的相对位置不随工况的改变而发生偏移。这意味着，对于不同的工况，在同一阶共振频率处，能量随楼层的变化规律相同，即振型相同。

根据识别出的共振频率位置，针对每一种工况绘制出各阶共振频率对应的沿楼层方向的归一化振型图，如图 7.9 和图 7.10 所示。由于衰减域的影响，当自振频率与衰减域重合时，该阶振型消失。通过观察发现，对于不同的工况，同一阶共振频率下的振型保持不变。以第 4 阶振型为例，无论跨度和总楼层数怎样变化，振型总是在楼层总高度的 1/3 位置达到峰值，在总楼层数的 2/3 位置最小。由此验证了，尽管随着跨度和楼层总数的变化，各阶振型对应的自振频率会发生偏移，但振型本身沿楼层的分布特征却保持不变。

通过各工况的归一化振型图可以看出，第 1、2、3 阶振型随楼层的变化趋势一致，均为单调递增，因此将前 3 阶振型归为第一类振型，第 4 阶振型随楼层先增大，后减小又增大，将该阶振型归为第二类振型。通过对本章计算的 140 种常见建筑工况进行分析可得，在 0～100 Hz 频段内，主要包含第一、二类振型。将该 140 种工况的各阶自振频率绘制成图 7.11，可以看出，第一类振型的控制频段为 5～70 Hz，其中第 1 阶振型大多出现在 5～20 Hz 频段内，第 2 阶振型大多在 20～40 Hz 内，第 3 阶振型大多在 40～70 Hz 内；第二类振型的控制频段为 50～90 Hz。

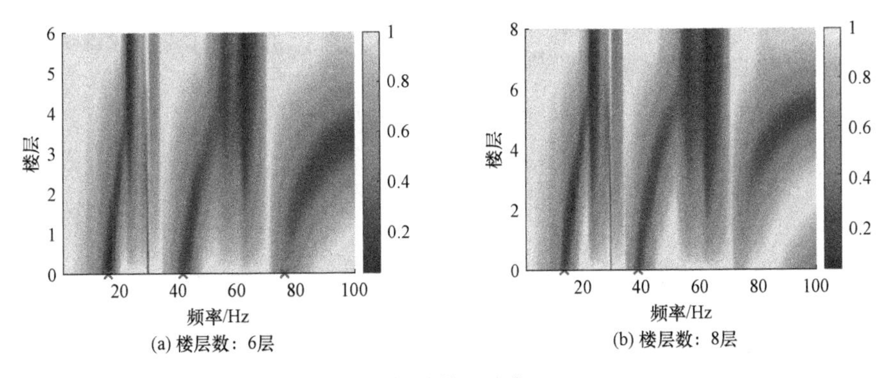

图 7.7　归一化能量带（跨度 6 m×6 m）

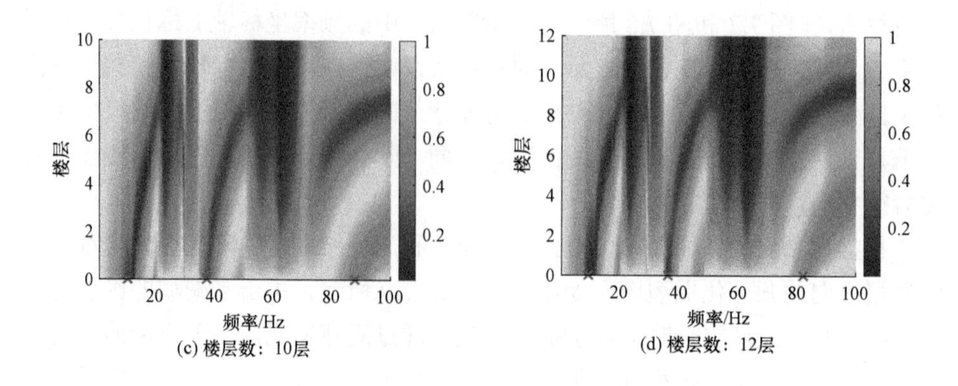

图 7.7 归一化能量带（跨度 6 m×6 m）（续）

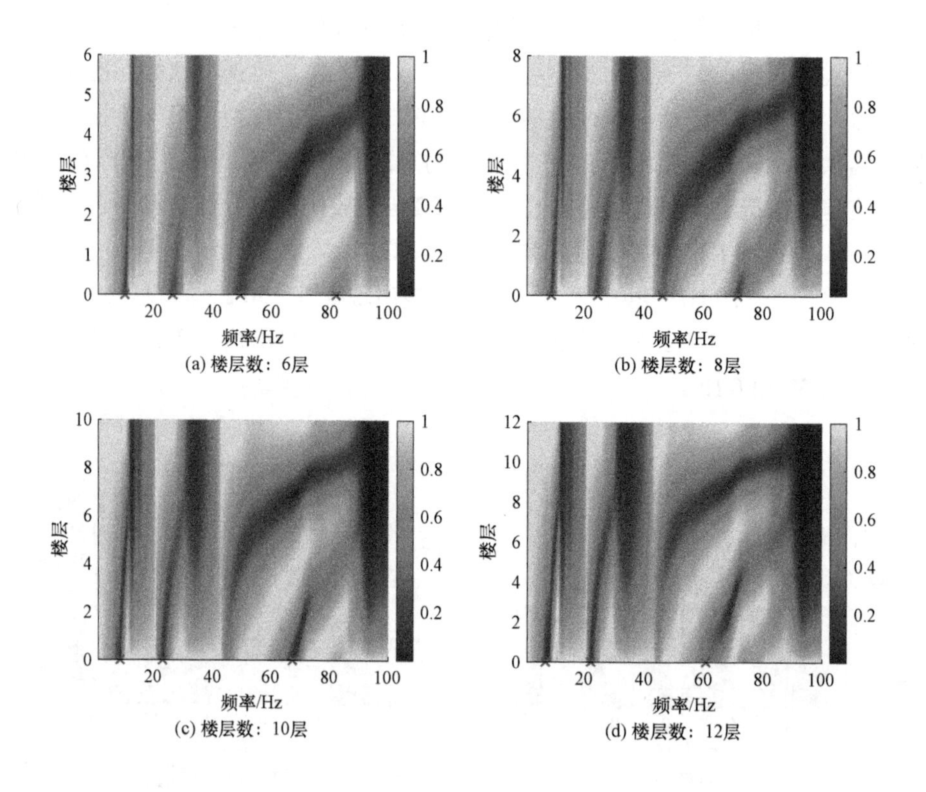

图 7.8 归一化能量带（跨度 8 m×8 m）

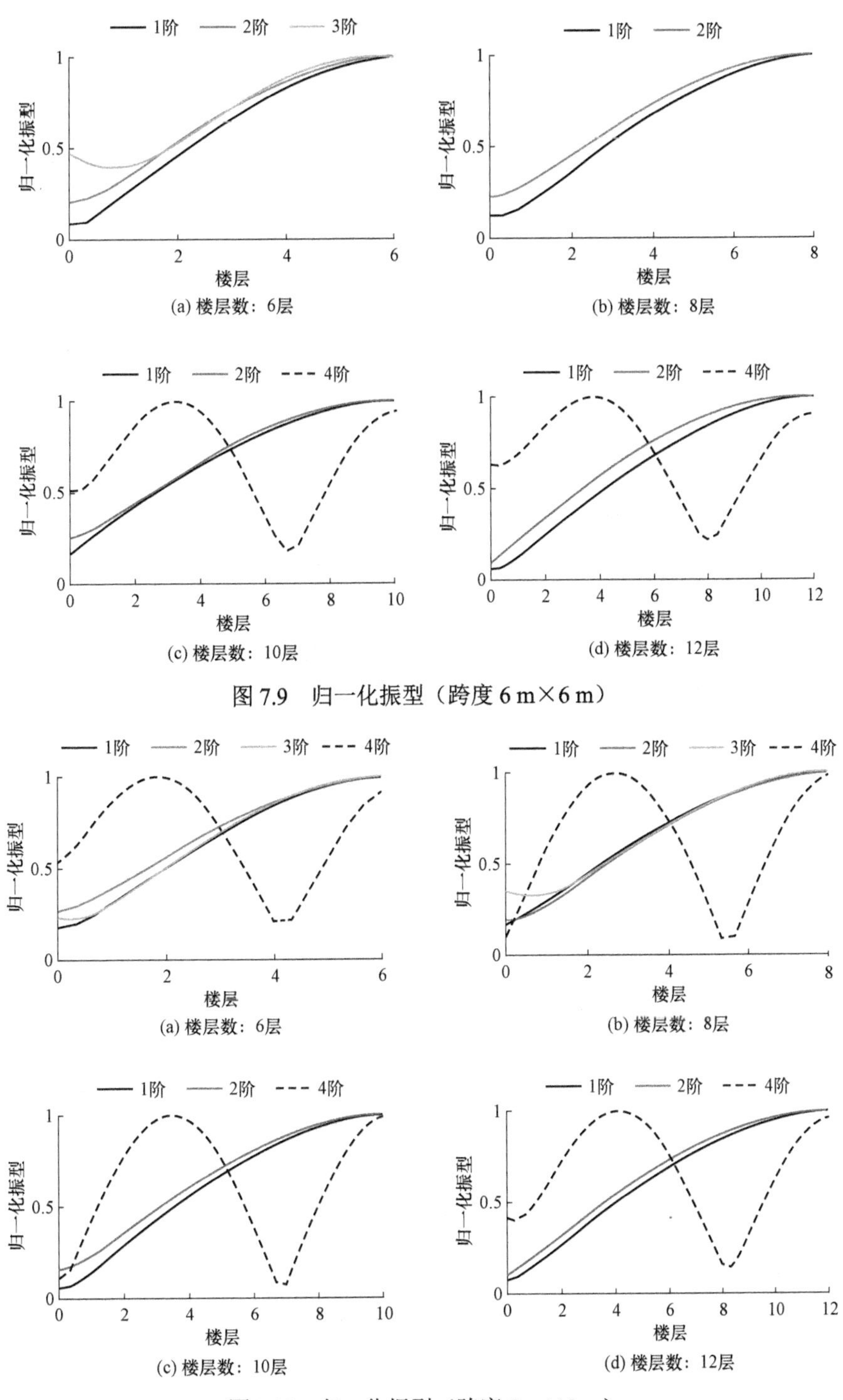

(a) 楼层数：6层
(b) 楼层数：8层
(c) 楼层数：10层
(d) 楼层数：12层

图 7.9　归一化振型（跨度 6 m×6 m）

(a) 楼层数：6层
(b) 楼层数：8层
(c) 楼层数：10层
(d) 楼层数：12层

图 7.10　归一化振型（跨度 8 m×8 m）

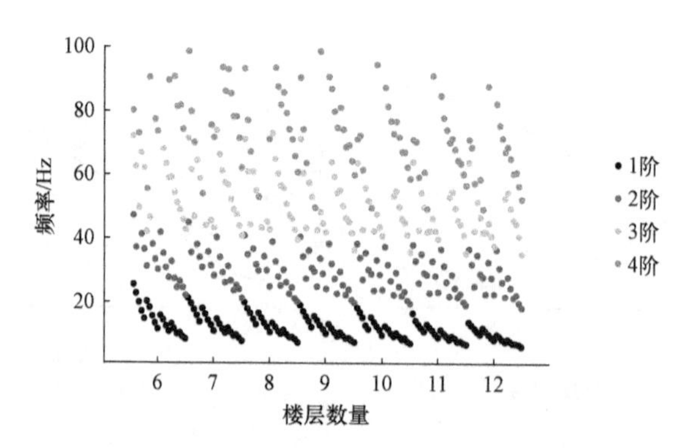

图 7.11　140 种建筑工况各阶自振频率分布图

7.2.4　建筑物室内振动响应的快速预测

本书假设，不考虑建筑物与下部结构的相互作用关系对建筑振动响应传递函数的影响。

对于既有车辆段上盖建筑，可以通过实测得到建筑基底平台的振动响应，当无法在建筑物室内布点测试时，可根据典型跨的跨度和楼层数量调用数据库中的响应传递函数 $I(f)$，并利用式（7.5）计算室内振动响应：

$$R_r(f) = R_b(f) \cdot I(f) \tag{7.5}$$

式中，$R_b(f)$ 表示典型跨基底振动输入，$R_r(f)$ 表示室内振动响应。

对于未建建筑，可以通过测试得到平台的振动响应，结合上盖建筑基底与平台之间的耦合损失预估值进行修正，再根据建筑物型式选取适当的传递函数预测室内振动响应。当室内振动响应超过标准限值时，可以优化上盖建筑设计方案，重新匹配响应传递函数，预测室内振动响应，以期满足标准要求。

7.3　上盖建筑室内振动快速预测案例

某车辆段平台部分已经完工，未来几年将在该车辆段平台上方建设高品质住宅建筑。为了保证建筑振动响应符合住宅振动标准限值，应在建筑结构设计阶段，结合平台振动响应测试结果，对建筑物室内振动响应进行初步预测。

下面将以该车辆段为例，进行上盖建筑室内振动快速预测，分析振动传递规律的影响因素。首先对车辆段平台进行振动测试，然后以平台顶层振动加速度作为上盖建筑典型跨的基底激励输入，接着根据建筑物的跨度与楼层数量，到振动响应传递函数库中调用相应的响应传递函数，通过式（7.5）计算任意楼层室内振动响应（本章暂不考虑上盖建筑基底与平台之间的振动耦合损失）。由于建筑物的具体结构尚未确定，本节将以 140 种常见的结构工况为例分别进行振动响应计算。

7.3.1　工程概况

图 7.12 为该车辆段平台部分结构的立面图，图 7.13 为平台的内部照片。车辆段平台为框架剪力墙结构，沿 x 方向长 301.2 m，共 27 跨，沿 y 方向长 419.5 m，共 68 跨。一层高度为 9.5 m，二层高度为 4.8 m。柱子的截面为矩形，x 方向边长 1 m，y 方向边长 1.2 m。一层顶梁的截面为 1 m×1 m 的正方形，二层顶梁截面宽 1.2 m、高 1 m。剪力墙的宽度为 0.8 m，楼板的厚度为 0.2 m。

轨道结构包括整体混凝土道床、I 型扣件和钢轨。列车为 8 节编组的 A 型车，每节编组长 22 m。测试时，列车为空载状态，轴重约为 10 t。在测试过程中，列车沿 y 轴正方向以 23 km/h 左右的速度运行。测试过程未考虑钢轨的粗糙度。

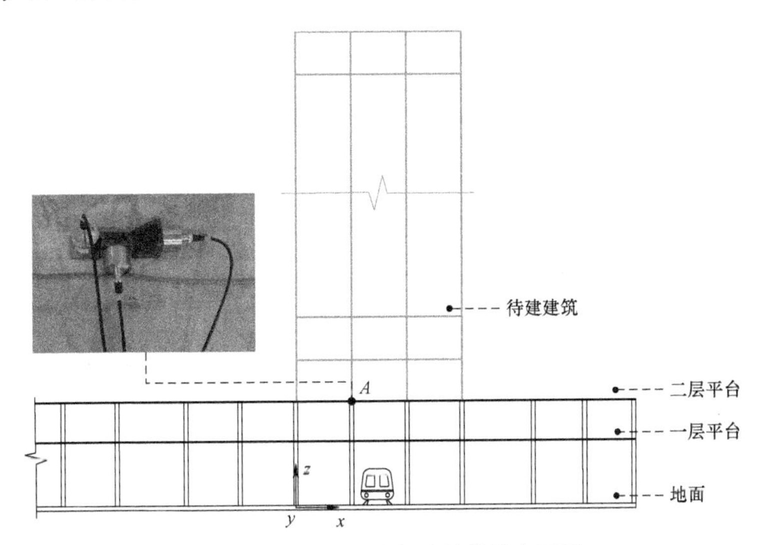

图 7.12　车辆段平台部分结构的立面图

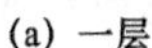

(a) 一层

(b) 二层

图 7.13　平台内部照片

7.3.2 建筑基底平台振动测试

7.3.2.1 测点布置

如图 7.12 所示，未来在平台上方修建上盖建筑后，振动将由平台传至建筑结构中，为此应在二层平台布置测点，以测点的加速度响应作为上盖建筑振动计算的基底输入。

选取紧邻测试列车线路的承重柱作为测试对象，在二层平台柱顶 A 点布置 3 个单向加速度传感器，分别测试 x,y,z 3 个方向的加速度响应，由于仅考虑建筑物的竖向振动，因此以 A 测点的 z 方向振动响应作为上盖建筑的基底输入。

需要说明的是，由于测试时，平台上方尚未修建上盖建筑，A 测点的测试结果为平台的自由振动响应，以自由平台的振动响应作为上盖建筑的基底输入，会使计算结果偏大。

7.3.2.2 测试仪器

本次测试采用的设备包括 INV3018CT 型数据采集仪、Lance AS0130 系列振动传感器，详细参数见表 7.2。所有传感器均在测试之前进行零点校正。

表 7.2 测试仪器参数

仪器名称	仪器图片	主要参数
INV3018CT 型 数据采集仪		通道数：8 AD 精度：24 位 最高采样频率：每通道 102.4 kHz 频率示值和分辨率误差：＜0.01% 频谱幅值示值误差：＜1%
Lance AS0130 系列 振动传感器		频率范围为 0.5～1 000 Hz（误差 10%），量程为 1.2 m/s^2，灵敏度为 40 000 mV/g，分辨率为 5×10^{-6} m/s^2

7.3.2.3 测试结果

图 7.14 为平台 A 测点垂向振动加速度响应的时程，图 7.15 为加速度响应频谱，图 7.16 是中心频率为 0～80 Hz 的垂向振动三分之一倍频程加速度级。在进行上盖建筑振动响应计算时，将以平台测点 A 的 z 方向振动响应频谱作为建筑基底输入。如图 7.15 和图 7.16 所示，上盖建筑激励频谱的主频在 50～60 Hz 之间。

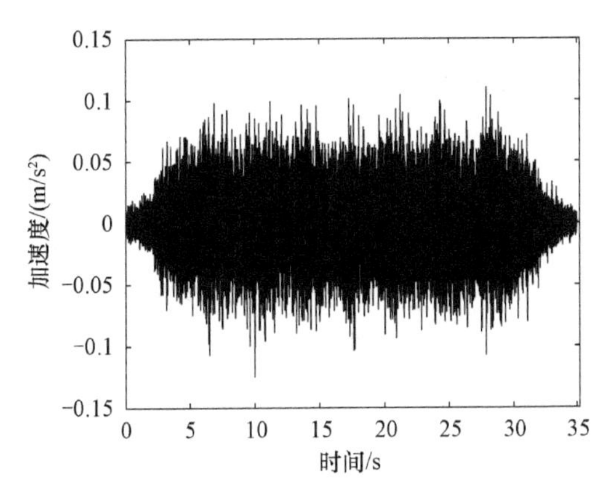

图 7.14 加速度响应时程

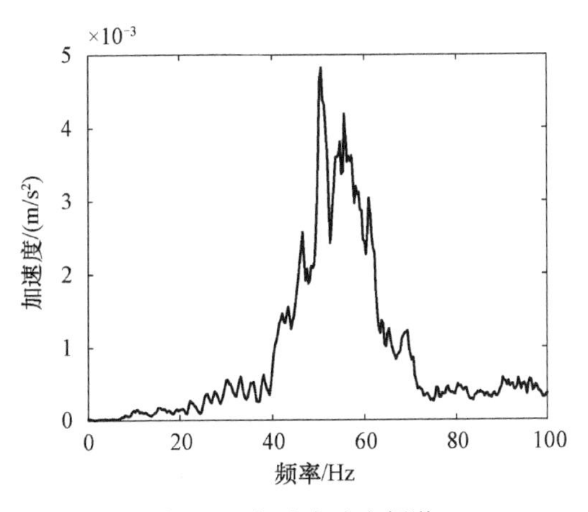

图 7.15 加速度响应频谱

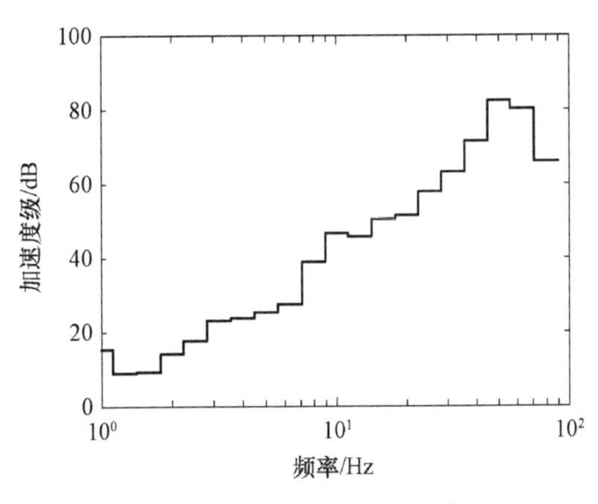

图 7.16 三分之一倍频程谱

7.3.3 室内振动响应的快速预测

7.3.3.1 频谱

图 7.17 和图 7.18 分别是典型跨为 6 m×6 m 和 8 m×8 m，楼层数量为 6 层、8 层、10 层和 12 层的 8 种建筑工况的各层柱底振动加速度响应。

可以看出，由于建筑基底输入的主频位于 50～60 Hz 附近，受建筑基底输入频谱的影响，大部分建筑工况在 50～60 Hz 频段附近的加速度响应较大。由于跨度为 6 m×6 m 的工况衰减域位于 50～70 Hz 频段内，因此图 7.17 所示的工况柱底振动响应较低。为了排除衰减域对振动传递分析的影响，将以跨度为 8 m×8 m 的工况为例进行分析。由图 7.18 可以看出，随着总楼层数量的增加，结构各阶振型对应的自振频率向低频移动，50～60 Hz 频段附近的振型由第一类振型逐渐过渡到第二类振型，在此过程中，50～60 Hz 频段附近的振动随楼层变化规律经历了 3 个阶段，分别为：逐层增大阶段（见图 7.18（a））、减小–增大阶段（见图 7.18（b）、（c））、增大–减小–增大阶段（见图 7.18（d））。

在 140 种计算工况中，筛选 50～60 Hz 附近无衰减域干扰的工况，识别其 50～60 Hz 附近的振动加速度响应随楼层的变化规律，如表 7.3 所示。可以看出，随着楼层的增加，主频附近的振动传递规律逐渐由第一类振型过渡到第二类振型。

表 7.3 主频附近振动传递规律

跨度	6 层建筑	7 层建筑	8 层建筑	9 层建筑	10 层建筑	11 层建筑	12 层建筑
4 m×6 m	1	1	2	2	3	3	3
5 m×5 m	1	1	1	1	1	1	1
4 m×7 m	1	2	3	3	3	3	3
5 m×6 m	1	2	2	2	2	3	3
4 m×8 m	3	3	3	3	3	3	3
7 m×7 m	1	1	1	1	1	1	2
6 m×9 m	1	1	1	1	1	2	2
7 m×8 m	1	1	1	1	2	2	2
7 m×9 m	1	1	1	2	2	2	3
8 m×8 m	1	1	1	2	2	2	3
8 m×9 m	1	1	2	3	3	3	3
9 m×9 m	1	3	3	3	3	3	3

*注：1 表示逐层增大；2 表示减小–增大；3 表示增大–减小–增大。

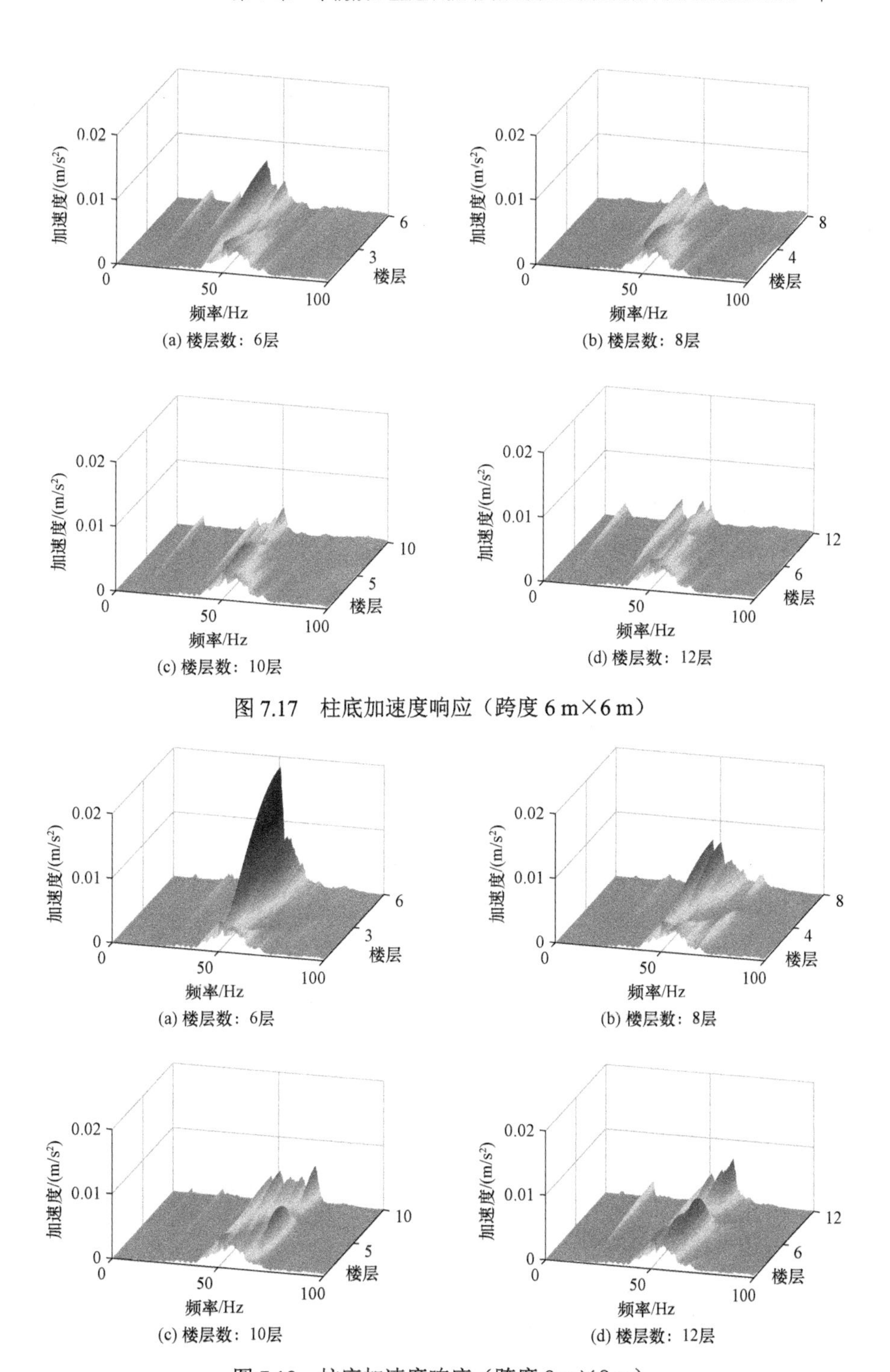

图 7.17　柱底加速度响应（跨度 6 m×6 m）

图 7.18　柱底加速度响应（跨度 8 m×8 m）

为了比较式（7.5）中的基底振动输入、响应传递函数和室内加速度响应之间的关系，针对每一种工况，将各个楼层的响应绘制成包络图，如图 7.19 和图 7.20 所示。其中，上方的包络图反映了各个楼层的响应传递函数（在图中以 RTF 表示），下方的包络图反映了各个楼层室内振动加速度响应的范围，黑色实线为建筑物典型跨基底的加速度。

图 7.19 和图 7.20 反映了柱底测点的振动响应。首先，在响应传递函数和加速度频域包络图中可以看出，在衰减域范围，室内振动响应呈明显衰减趋势。在图 7.19 所示的 4 种工况中，相对于基底振动，室内振动响应在 0～35 Hz、50～70 Hz 这两个频段有明显的衰减；在图 7.20 所示的 4 种工况中，室内振动响应在 10～20 Hz、30～40 Hz、90～100 Hz 这三个频段内相比于基底振动有所衰减。

接着，对各工况自振频率处的振动响应进行分析，以图 7.19（a）所示的跨度为 6 m×6 m 的 6 层建筑结构为例，在 18 Hz、42 Hz、75 Hz 左右，响应传递函数大于 1，这 3 个频率分别对应结构的第 1、2、3 阶自振频率。通过响应传递函数包络图可以看出，各个工况的响应传递函数在自振频率处均大于 1，而在其他频率位置则小于 1。在加速度响应图中，通过对室内各楼层加速度与基底加速度进行对比可以看出，在各个工况的自振频率处，由于响应传递函数大于 1，室内振动响应相比于基底振动有所放大。

然后，将响应传递函数包络图、室内加速度响应包络图和基底加速度进行对比，以图 7.20（a）所示的工况为例，从响应传递函数包络图中可以看出，前 3 阶自振频率对应的响应传递函数值差异不大，但在基底加速度激励的作用下，第 3 阶自振频率处的室内加速度响应明显高于其他自振频率对应的加速度响应。在其他工况中，尽管各阶振型的频率位置发生变化，但也显示出相似的规律，由于建筑基底的加速度的主频位于 50～60 Hz 附近，处于该频段附近的室内加速度响应明显高于其他频段的加速度响应。这说明建筑物基底输入的频谱影响各阶振型的参与度，在基底输入频谱的作用下，建筑结构处于 50～60 Hz 频段附近的振型参与度升高。

此外，通过对比加速度频域包络图和基底的加速度频谱可以看出，与基底振动响应相比，室内柱底振动响应在高频范围衰减较明显。

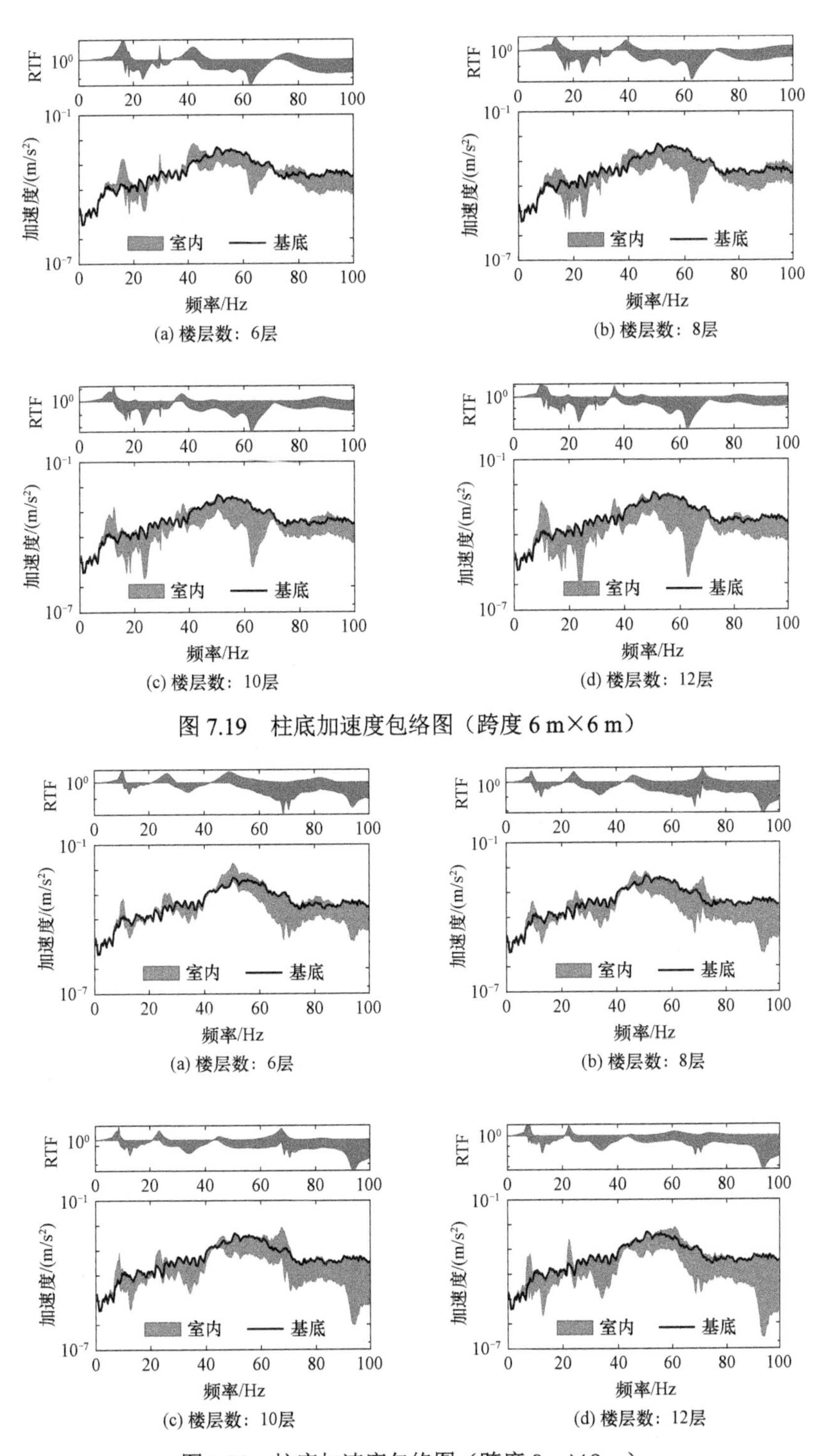

图 7.19　柱底加速度包络图（跨度 6 m×6 m）

图 7.20　柱底加速度包络图（跨度 8 m×8 m）

7.3.3.2 Z 振级

为了分析各工况的振动总能量在建筑结构中的传递规律，根据各工况的室内振动响应，计算得到各楼层室内振动响应的 Z 振级。

图 7.21 和图 7.22 反映了各楼层柱底 Z 振级随楼层的变化，可以看出，与表 7.3 所示的主频位置振动传递规律相似，随着建筑物高度的升高，Z 振级随楼层的变化规律也出现三个阶段的变化，分别为：逐层增大阶段、减小–增大阶段、稍微增大–减小–增大阶段，这与 1.2.3.2 节中总结的大多数既有文献的研究结论一致。但在众多既有研究及本书研究的结果中，振动传递规律发生变化的临界建筑高度（楼层数量）并不相同，这是因为振动总能量的传递规律除了受建筑高度影响外，还与结构的跨度、激励输入频谱分布等因素相关。

将表征测点振动总能量随楼层变化的图 7.21 和图 7.22 和显示主频范围振动随楼层变化的图 7.17 和图 7.18 依次进行对比，发现 Z 振级的变化规律与同一工况主频范围的振动传递规律几乎一致。以跨度为 8 m×8 m 的建筑结构的各层柱底测点为例，图 7.22 显示 6 层建筑振动 Z 振级随楼层逐层增大，7 层至 10 层建筑振动随楼层先减小后增大，11 层和 12 层的振动响应随楼层呈先略增大，然后减小，再增大的规律，这与图 7.18 所示相应建筑工况中主频附近的振动传递规律一致。这说明，室内振动响应主频附近的传递规律大致主导振动总能量随楼层的传递规律。

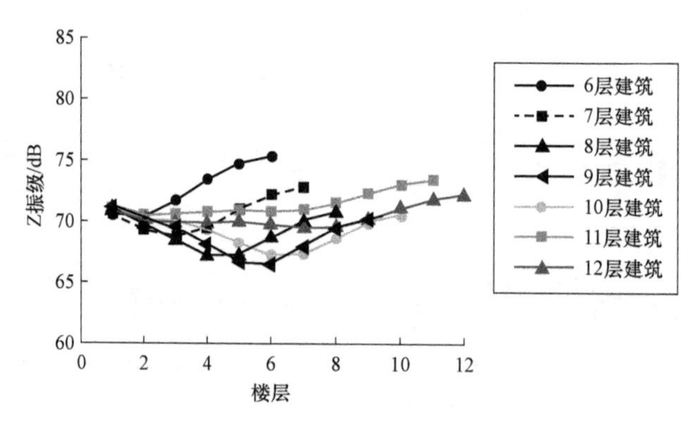

图 7.21 柱底 Z 振级（跨度 6 m×6 m）

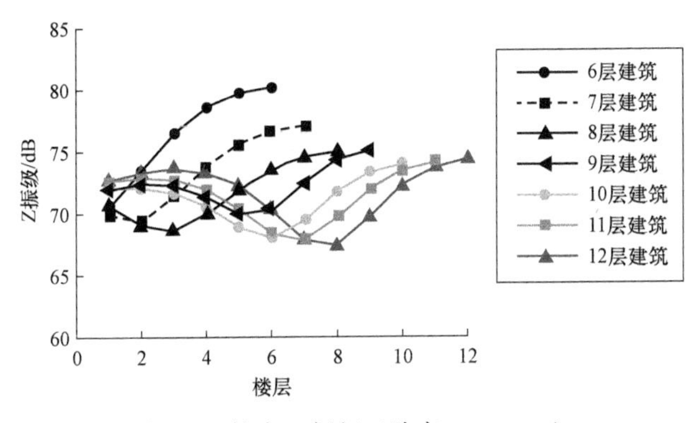

图 7.22　柱底 Z 振级（跨度 8 m×8 m）

结合图 7.17 和图 7.18 所示的响应频谱、图 7.19 和图 7.20 所示的频谱包络图与图 7.21 和图 7.22 所示的 Z 振级变化规律可以总结出，振动总能量的传递规律与结构的振型和振型参与度相关，建筑结构的尺寸影响结构各阶振型的频率分布，建筑基底的激励输入频谱影响各阶振型的参与度，激励主频附近的振型参与度较高，主导振动总能量随楼层的传递规律。

当建筑总楼层数量增多、建筑高度升高时，建筑结构的各阶振型向低频移动，激励主频范围附近的振型逐渐由第一类振型过渡到第二类振型，主频附近的振动传递规律也随之发生变化，进而导致振动总能量随楼层的传递规律发生变化。

参 考 文 献

[1] 侯秀芳，梅建萍，左超. 2021年中国内地城轨交通线路概况[J]. 都市快轨交通，2022，35（1）.

[2] 韩宝明，李亚为，鲁放，等. 2021年世界城市轨道交通运营统计与分析综述[J]. 都市快轨交通，2022，35（1）.

[3] 郑捷奋，刘洪玉. 香港轨道交通与土地资源的综合开发[J]. 中国铁道科学，2002，23（5）：5.

[4] 缪东. 对城市地铁车辆段物业开发的思考[J]. 铁道勘察，2010（4）：4.

[5] 梁常德，邢诒，林楚娟，等. 地铁车辆段运行对上盖物业噪声振动影响实测分析[C]//2014年全国环境声学学术会议. 2014.

[6] 邬玉斌，张斌，刘应华，等. 地铁车辆段库上建筑环境振动影响规律研究[J]. 铁道学报，2015，37（8）：6.

[7] 曾泽民. 地铁车辆段列车运行引发振动与噪声效应的现场试验研究[D]. 华南理工大学，2015.

[8] 陈艳明，冯青松，刘庆杰，等. 下沉式地铁车辆段咽喉区车致振动特性[J]. 交通运输工程学报，2020，20（3）：10.

[9] LIANG R，DING D，LIU W，et al. Experimental study of the source and transmission characteristics of train-induced vibration in the over-track building in a metro depot[J/OL]. Journal of Vibration and Control，2022，0（0）：1-14. https：//doi.org/10.1177/10775463211070106.

[10] 汪益敏，曾泽民，邹超. 地铁车辆段试车线列车振动影响的试验研究[J/OL]. 华南理工大学学报（自然科学版），2014，42（12）：1. https：//doi.org/10.3969/j.issn.1000-565X.2014.12.001.

[11] 邹超，汪益敏，汪朝晖，等. 地铁车辆段咽喉区地面振动传播规律实测与分析[J]. 振动与冲击，2015，34（16）：7.

[12] 冯青松，王子玉，刘全民，等. 地铁车辆段不同区域振动特性对比分析[J]. 振动与冲击，2020，39（14）：8.

[13] CHOPRA A K. Dynamics of Structures[M]. 4th ed. Upper Saddle River：

Prentice Hall，2012.
[14] 朱伯芳. 有限单元法原理与应用[M]. 4 版. 北京：中国水利水电出版社，2018.
[15] DOYLE J F. Wave Propagation in Structures[M/OL]. New York：Springer，1989. https：//doi.org/10.1007/978-1-4612-1832-6.
[16] KOLOUŠEK V. Anwendung des Gesetzes der virtuellen Verschiebungen und des Reziprozitätssatzes in der Stabwerksdynamik[J]. Ingenieur-Archiv，1941，12（6）：363-370.
[17] KOLOUŠEK V. Structural Dynamics of Continuous Beams and Frame Systems[M]. 1950.
[18] PRZEMIENIECKI J S. Theory of matrix structural analysis[M]. New York：McGraw-Hill Book Company，1968.
[19] CHENG F Y. Vibrations of Timoshenko Beams and Frameworks[J]. Journal of the structural Division，1970，96（3）：949-966.
[20] CHENG F Y，TSENG W H. Dynamic Matrix of Timoshenko Beam Columns[J]. Journal of structural Division，1973，99（3）：527-549.
[21] ÅKESSON B Å. PFVIBAT—a computer program for plane frame vibration analysis by an exact method[J/OL]. International Journal for Numerical Methods in Engineering，1976，10（6）：1221-1231. https：//doi.org/10.1002/nme.1620100603.
[22] RICHARDS T H，LEUNG Y T. An accurate method in structural vibration analysis[J/OL]. Journal of Sound and Vibration，1977，55（3）：363-376. https：//doi.org/10.1016/S0022-460X（77）80019-9.
[23] NARAYANAN G V，BESKOS D E. Use of dynamic influence coefficients in forced vibration problems with the aid of fast fourier transform[J]. Computers & Structures，1978，9（2）：145-150.
[24] SPYRAKOS C C，BESKOS D E. Dynamic response of frameworks by fast fourier transform[J/OL]. Computers & Structures，1982，15（5）：495-505. https：//doi.org/10.1016/0045-7949（82）90001-3.
[25] BANERJEE J R. Coupled bending-torsional dynamic stiffness matrix for beam elements[J/OL]. International Journal for Numerical Methods in Engineering，1989，28（6）：1283-1298. https：//doi.org/10.1002/nme.1620280605.
[26] BANERJEE J R，FISHER S A. Coupled bending-torsional dynamic stiffness

matrix for axially loaded beam elements[J/OL]. International Journal for Numerical Methods in Engineering，1992，33（4）：739-751. https：//doi.org/10.1002/nme.1620330405.

[27] BANERJEE J R，WILLIAMS F W. Coupled bending-torsional dynamic stiffness matrix for timoshenko beam elements[J/OL]. Computers & Structures，1992，42（3）：301-310. https：//doi.org/10.1016/0045-7949（92）90026-V.

[28] BANERJEE J R，WILLIAMS F W. Coupled bending-torsional dynamic stiffness matrix of an axially loaded timoshenko beam element[J/OL]. International Journal of Solids and Structures，1994，31（6）：749-762. https：//doi.org/10.1016/0020-7683（94）90075-2.

[29] BANERJEE J R，GUO S，HOWSON W P. Exact dynamic stiffness matrix of a bending-torsion coupled beam including warping[J/OL]. Computers & Structures，1996，59（4）：613-621. https：//doi.org/10.1016/0045-7949（95）00307-X.

[30] LEE U. Vibration analysis of one-dimensional structures using the spectral transfer matrix method[J/OL]. Engineering Structures，2000，22（6）：681-690. https：//doi.org/10.1016/S0141-0296（99）00002-4.

[31] LEE U，KIM J. Determination of Nonideal Beam Boundary Conditions：A Spectral Element Approach[J]. Aiaa Journal，2000，38（2）：309-316.

[32] WILLIAMS F W，KENNEDY D. Exact dynamic member stiffnesses for a beam on an elastic foundation[J]. 1987.

[33] ISSA M S. Natural frequencies of continuous curved beams on Winkler-type foundation[J]. Journal of Sound & Vibration，1988，127（2）：291-301.

[34] CAPRON M D，WILLIAMS F W. Exact dynamic stiffnesses for an axially loaded uniform Timoshenko member embedded in an elastic medium[J]. Journal of Sound & Vibration，1988，124（3）：453-466.

[35] GIRGIN Z C，GIRGIN K. A numerical method for static or dynamic stiffness matrix of non-uniform members resting on variable elastic foundations[J]. Engineering Structures，2005，27（9）：1373-1384.

[36] ARBOLEDA-MONSALVE L G，ZAPATA-MEDINA D G，ARISTIZABAL-OCHOA J D. Timoshenko beam-column with generalized end conditions on elastic foundation：Dynamic-stiffness matrix and load vector [J/OL]. Journal of

Sound and Vibration，2008，310（4-5）：1057-1079. https：//doi.org/10.1016/j.jsv.2007.08.014.

[37] LANGLEY R S. Application of the dynamic stiffness method to the free and forced vibrations of aircraft panels[J/OL]. Journal of Sound and Vibration，1989，135（2）：319-331. https：//doi.org/10.1016/0022-460X（89）90728-1.

[38] GAVRIĆ L. Finite Element Computation of Dispersion Properties of Thin-Walled Waveguides[J/OL]. Journal of Sound and Vibration，1994，173（1）：113-124. https：//doi.org/10.1006/jsvi.1994.1221.

[39] DOYLE J F. Wave Propagation in Structures：Spectral Analysis Using Fast Discrete Fourier Transforms[M]. 2nd ed. New York：Springer，1997.

[40] BIRGERSSON F，FINNVEDEN S，NILSSON C M. A spectral super element for modelling of plate vibration. Part 1：general theory[J/OL]. Journal of Sound and Vibration，2005，287（1）：297-314. https：//doi. org/ 10.1016/ j.jsv. 2004.11.012.

[41] PARK I，LEE U，PARK D. Transverse Vibration of the Thin Plates：Frequency-Domain Spectral Element Modeling and Analysis[J/OL]. Mathematical Problems in Engineering，2015，2015：1-15. https：//doi.org/10.1155/2015/541276.

[42] PARK I，KIM T，LEE U. Frequency Domain Spectral Element Model for the Vibration Analysis of a Thin Plate with Arbitrary Boundary Conditions[J/OL]. Mathematical Problems in Engineering，2016，2016：1-20. https：//doi.org/10.1155/2016/9475397.

[43] 曹容宁，马蒙，孙晓静，等. 框架结构中矩形楼板动力响应求解的谱单元法[J]. 振动与冲击，2021，40（24）：8.

[44] 周云. 交通荷载对周边建筑的振动影响分析[D]. 杭州：浙江大学，2005.

[45] 郑薇. 列车经过对周边建筑的振动影响分析[D]. 杭州：浙江大学，2006.

[46] 周云，王柏生. 行驶列车引起的周边建筑物振动分析[J]. 振动与冲击，2006，25（1）.

[47] 楼梦麟，李守继，丁洁民，等. 基于多点输入的地铁引起房屋振动评价研究[J]. 振动与冲击，2007，26（12）：4.

[48] 贾旭鹏. 地铁运行振动的传播规律和对地面建筑的影响[D]. 上海：同济大学，2008.

[49] 王田友，丁洁民，楼梦麟，等. 地铁运行所致建筑物振动的传播规律分析

[J]. 土木工程学报，2009，42（5）：7.

[50] 楼梦麟，李守继. 地铁引起建筑物振动评价研究[J]. 振动与冲击，2007，26（8）：4.

[51] 盛平，王轶，张楠，等. 大型站桥合一客站建筑的舒适度研究[J]. 建筑结构，2009（12）：4.

[52] 张楠，夏禾. 地铁列车对临近建筑物振动影响的研究[C]//全国结构工程学术会议. 中国学术期刊电子出版社，2001：199-203.

[53] 毕伟，张楠，庞翠平，等. 地铁运行引起邻近建筑物振动的预测与分析[J]. 城市轨道交通研究，2017，20（11）：5.

[54] 姚锦宝，夏禾，陈建国，等. 列车运行引起高层建筑物振动分析[J]. 中国铁道科学，2009，30（2）：6.

[55] 姚锦宝，夏禾，陈建国，等. 运行列车对附近建筑物振动影响的试验研究和数值分析[J]. 中国铁道科学，2009，30（5）：6.

[56] 曹艳梅，夏禾. 运行列车对高层建筑结构的振动影响[J]. 工程力学，2006，23（3）：162-167.

[57] 曹艳梅，夏禾，战家旺. 运行列车引起高层建筑物振动的试验研究及数值分析[J]. 工程力学，2006，23（11）：7.

[58] 张胜龙. 地铁列车引起的周围建筑物振动及二次噪声预测研究[D]. 北京：北京交通大学，2016.

[59] 孙晓静. 地铁列车振动对环境影响的预测研究及减振措施分析[D]. 北京：北京交通大学，2008.

[60] 马蒙，刘维宁，邓国华，等. 基于校准法的地铁振动对西安钟楼影响研究[J]. 工程力学，2013，30（12）：7.

[61] MA M，LIU W，QIAN C，et al. Study of the train-induced vibration Impact on a historic Bell Tower above two spatially overlapping metro lines[J/OL]. Soil Dynamics and Earthquake Engineering，2016，81：58-74. https：//doi. org/10.1016/j.soildyn.2015.11.007.

[62] 赵娜. 地铁上盖物业的振动舒适度研究[D]. 武汉：武汉理工大学，2012.

[63] 袁嘉明，张路遥. 基于 ANSYS 的地铁上盖建筑物车致振动研究[J]. 城市建筑，2020，17（1）：3.

[64] 严舒玮. 考虑连接局部细节的地铁上盖建筑物振动性能模拟方法及其应用[D]. 南京：东南大学，2017.

[65] 何卫，谢伟平. 基于舒适度评价的大跨度车站结构精细化模型研究[J]. 土

木工程学报，2014，47（1）：13-23.
[66] 陈艳明. 列车荷载作用下车辆段上盖物业振动舒适度和噪声研究[D]. 武汉：武汉理工大学，2014.
[67] 张俊兵，朱宏平，王丹生，等. 波谱单元法在空间桁架地震响应分析中的应用[J]. 振动与冲击，2011，30（5）：7.
[68] 张俊兵，朱宏平，阁东东，等. 基于波谱单元法的结构动力响应分析[J]. 华中科技大学学报：自然科学版，2010，38（7）：4.
[69] 张俊兵. 基于波谱单元法的结构动力分析[D]. 武汉：华中科技大学，2011.
[70] 张俊兵，朱宏平，王丹生. 移动荷载作用下桥梁动态响应的波谱单元法[C]//CNKI. 2011：6.
[71] 何政，张昊强. 超高层建筑结构竖向地震响应的谱单元分析[J]. 哈尔滨工业大学学报，2014，46（8）：6.
[72] 鄂林仲阳，杜强，李上明. 基于谱元法的空间刚架动力学特性分析[J]. 计算力学学报，2016，33（5）：5.
[73] HUSSEIN M，HUNT H，KUO K，et al. The use of sub-modelling technique to calculate vibration in buildings from underground railways[J/OL]. Proceedings of the Institution of Mechanical Engineers，Part F：Journal of Rail and Rapid Transit，2015，229（3）：303-314. https：//doi.org/10.1177/0954409713511449.
[74] 蒋通，李丽琴，刘峰. 地铁引起邻近建筑物楼板的振动及简易预测方法[J]. 结构工程师，2012，28（6）：5.
[75] LOPES P，RUIZ J F，COSTA P A，et al. Vibrations inside buildings due to subway railway traffic. Experimental validation of a comprehensive prediction model[J/OL]. Science of The Total Environment，2016，568：1333-1343. https：//doi.org/10.1016/j.scitotenv.2015.11.016.
[76] 冯青松，王子玉，刘全民，等. 双振源激励下地铁车辆段上盖建筑物振动特性[J]. 交通运输工程学报，2019，19（4）：11.
[77] 冯青松，王子玉，张翊翔. 基于动态子结构法探讨地铁列车运行引起建筑物的振动[J]. 噪声与振动控制，2017，37（5）：6.
[78] SANAYEI M，MAURYA P，ZHAO N，et al. Impedance Modeling：An Efficient Modeling Method for Prediction of Building Floor Vibrations [C/OL]//Structures Congress 2012. Chicago，Illinois，United States：American Society of Civil Engineers，2012：886-897. http：//ascelibrary. org/doi/10.1061/9780784412367.079.

[79] SANAYEI M，ZHAO N，MAURYA P，et al. Prediction and Mitigation of Building Floor Vibrations Using a Blocking Floor[J/OL]. Journal of Structural Engineering，2012，138（10）：1181-1192. https：//doi.org/10.1061/（ASCE）ST.1943-541X.0000557.

[80] SANAYEI M，KAYIPARAMBIL P. A，MOORE J A，et al. Measurement and prediction of train-induced vibrations in a full-scale building[J/OL]. Engineering Structures，2014，77：119-128. https：//doi.org/10.1016/j.engstruct.2014.07.033.

[81] 邹超. 地铁车辆段及上盖建筑物振动传播规律及减振技术研究[D]. 广州：华南理工大学，2017.

[82] ZOU C，MOORE J A，SANAYEI M，et al. Impedance model for estimating train-induced building vibrations[J/OL]. Engineering Structures，2018，172：739-750. https：//doi.org/10.1016/j.engstruct.2018.06.032.

[83] 邹超，陈颖，陶子渝，等. 地铁车辆段上盖建筑水平向振动特性与预测方法研究[J]. 建筑结构学报，2021：1-8.

[84] CLOT A，ARCOS R，ROMEU J. Efficient Three-Dimensional Building-Soil Model for the Prediction of Ground-Borne Vibrations in Buildings[J/OL]. Journal of Structural Engineering，2017，143（9）：04017098. https：//doi.org/10. 1061/（ASCE）ST.1943-541X.0001826.

[85] BRILLOUIN L. Wave Propagation in Periodic Structures：Electric Filters and Crystal Lattices[M]. 2nd edition. New York：Dover Publishcations，1953.

[86] HECKL M A. Investigations on the Vibrations of Grillages and Other Simple Beam Structures[J/OL]. The Journal of the Acoustical Society of America，1964，36（7）：1335-1343. https：//doi.org/10.1121/1.1919206.

[87] MEAD D J. Free wave propagation in periodically supported，infinite beams[J/OL]. Journal of Sound and Vibration，1970，11（2）：181-197. https：//doi.org/10.1016/S0022-460X（70）80062-1.

[88] GUPTA G S. Natural flexural waves and the normal modes of periodically-supported beams and plates[J/OL]. Journal of Sound and Vibration，1970，13（1）：89-101. https：//doi.org/10.1016/S0022-460X（70）80082-7.

[89] MEAD D M. Wave propagation in continous periodic structures：research contributions from southampton,1964-1995[J/OL]. Journal of Sound and Vibration，1996，190（3）：495-524. https：//doi.org/10.1006/jsvi.1996.0076.

[90] MEAD D J. A general theory of harmonic wave propagation in linear periodic systems with multiple coupling[J/OL]. Journal of Sound and Vibration，1973，27（2）：235-260. https：//doi.org/10.1016/0022-460X（73）90064-3.

[91] ORRIS R M，PETYT M. A finite element study of harmonic wave propagation in periodic structures[J/OL]. Journal of Sound and Vibration，1974，33（2）：223-236. https：//doi.org/10.1016/S0022-460X（74）80108-2.

[92] MEAD D J，ZHU D C，BARDELL N S. Free vibration of an orthogonally stiffened flat plate[J]. Journal of Sound & Vibration，1988，127（1）：19-48.

[93] SILVA P B，MENCIK J M，DE FRANCA ARRUDA J R. Wave finite element-based superelements for forced response analysis of coupled systems via dynamic substructuring：DYNAMIC SUBSTRUCTURING USING WAVE FINITE ELEMENT-BASED SUPERELEMENTS[J/OL]. International Journal for Numerical Methods in Engineering，2016，107（6）：453-476. https：//doi.org/10.1002/nme.5176.

[94] FAN Y，ZHOU C W，LAINE J P，et al. Model reduction schemes for the wave and finite element method using the free modes of a unit cell[J/OL]. Computers & Structures，2018，197：42-57.https：//doi.org/10.1016/j.compstruc.2017.11.015.

[95] FAN Y，COLLET M，ICHCHOU M，et al. Enhanced wave and finite element method for wave propagation and forced response prediction in periodic piezoelectric structures[J/OL]. Chinese Journal of Aeronautics，2017，30（1）：75-87. https：//doi.org/10.1016/j.cja.2016.12.011.

[96] FAN Y，COLLET M，ICHCHOU M，et al. Energy flow prediction in built-up structures through a hybrid finite element/wave and finite element approach [J/OL].Mechanical Systems and Signal Processing，2016，66-67：137-158. https：//doi.org/10.1016/j.ymssp.2015.05.014.

[97] MENCIK J M，DUHAMEL D. DYNAMIC ANALYSIS OF PERIODIC STRUCTURES AND METAMATERIALS VIA WAVE APPROACHES AND FINITE ELEMENT PROCEDURES[C/OL]//8th International Conference on Computational Methods in Structural Dynamics and Earthquake Engineering Methods in Structural Dynamics and Earthquake Engineering. Athens，Greece，2021：42-62[2022-04-06]. https：//www. eccomasproceedia.org/conferences/thematic-conferences/compdyn-2021/8462.

[98] LEUVEN K. Attenuation prediction in 1D waveguides using locally resonant

metamaterials[J]. 14.

[99] COTONI V，LANGLEY R S，SHORTER P J. A statistical energy analysis subsystem formulation using finite element and periodic structure theory[J/OL]. Journal of Sound and Vibration，2008，318（4-5）：1077-1108. https：//doi.org/10.1016/j.jsv.2008.04.058.

[100] ICHCHOU M N，AKROUT S，MENCIK J M. Guided waves group and energy velocities via finite elements[J/OL]. Journal of Sound and Vibration，2007，305（4-5）：931-944. https：//doi.org/10.1016/j.jsv.2007.05.007.

[101] XIAO Y，WEN J，YU D，et al. Flexural wave propagation in beams with periodically attached vibration absorbers：Band-gap behavior and band formation mechanisms[J/OL]. Journal of Sound and Vibration，2013，332（4）：867-893. https：//doi.org/10.1016/j.jsv.2012.09.035.

[102] XIAO Y，WEN J，WEN X. Longitudinal wave band gaps in metamaterial-based elastic rods containing multi-degree-of-freedom resonators[J/OL]. New Journal of Physics，2012，14（3）：033042. https：//doi.org/10.1088/1367-2630/14/3/033042.

[103] DUHAMEL D，MACE B R，BRENNAN M J. Finite element analysis of the vibrations of waveguides and periodic structures[J/OL]. Journal of Sound and Vibration，2006，294（1-2）：205-220. https：//doi.org/10.1016/j. jsv.2005.11.014.

[104] IWATA Y，YOKOZEKI T. Wave propagation analysis of one-dimensional CFRP lattice structure[J/OL]. Composite Structures，2021，261：113306. https：//doi.org/10.1016/j.compstruct.2020.113306.

[105] GERMONPRÉ M，DEGRANDE G，LOMBAERT G. Periodic track model for the prediction of railway induced vibration due to parametric excitation [J/OL]. Transportation Geotechnics，2018，17：98-108. https：//doi.org/10.1016/j.trgeo.2018.09.015.

[106] 易强. 周期性铁路轨道结构弹性波传播特性及调控方法研究[D]. 成都：西南交通大学，2020.

[107] ZHANG J，MAES K，ROECK G D，et al. Model updating for a large multi-span quasi-periodic viaduct based on free wave characteristics[J/OL]. Journal of Sound and Vibration，2021，506：116-161. https：//doi.org/10.1016/j.jsv.2021.116161.

[108] ZHANG J，REYNDERS E，DE ROECK G，et al. Model updating of periodic structures based on free wave characteristics[J/OL]. Journal of Sound and Vibration，2019，442：281-307. https：//doi.org/10.1016/j.jsv.2018.10.054.

[109] REUMERS P，KUO K，LOMBAERT G，et al. Response of Periodic Railway Bridges Accounting for Dynamic Soil-Structure Interaction [M/OL]// DEGRANDE G，LOMBAERT G，ANDERSON D，et al. Noise and Vibration Mitigation for Rail Transportation Systems：卷 150. Cham：Springer International Publishing，2021：512-520. http：//link. springer.com/10.1007/978-3-030-70289-2_55.

[110] 徐斌，徐满清. 考虑桥墩-水平梁间弹簧接头的周期性高架桥平面内振动能量带分析[J]. 振动与冲击，2015，34（2）：125-133.

[111] BELI D，MENCIK J M，SILVA P B，et al. A projection-based model reduction strategy for the wave and vibration analysis of rotating periodic structures[J/OL]. Computational Mechanics，2018，62（6）：1511-1528. https：//doi.org/10.1007/s00466-018-1576-7.

[112] 程志宝，林文凯，石志飞，等. 框架结构水平向动力频散特性研究[J]. 振动工程学报，2019，32（1）：8.

[113] WAKI Y，MACE B R，BRENNAN M J. Numerical issues concerning the wave and finite element method for free and forced vibrations of waveguides[J/OL]. Journal of Sound and Vibration，2009，327（1-2）：92-108. https：//doi.org/10.1016/j.jsv.2009.06.005.

[114] SHORTER P J. Wave propagation and damping in linear viscoelastic laminates[J/OL]. The Journal of the Acoustical Society of America，2004，115（5）：1917-1925. https：//doi.org/10.1121/1.1689342.

[115] 卢超，杨雪娟，戴翔，等. 钢轨中导波传播模式的半解析有限元分析与试验测量[J]. 机械工程学报，2015，51（6）：8.

[116] 卢超，李诚，常俊杰. 钢轨轨底垂直振动模式导波检测技术的实验研究[J]. 实验力学，2012，27（5）：8.

[117] 卢超，刘芮辰，常俊杰，等. 钢轨垂直振动模态的导波频散曲线、波结构及应用[J]. 振动工程学报，2014，27（4）：7.

[118] KURZWEIL L G. Ground-borne noise and vibration from underground rail systems[J/OL]. Journal of Sound and Vibration，1979，66（3）：363-370. https：//doi.org/10.1016/0022-460X（79）90853-8.

[119] HANSON C E，TOWERS D A，MEISTER L D，et al. TRANSIT NOISE AND VIBRATION IMPACT ASSESSMENT：FTA-VA-90-1003-06[R]. 2006：261.

[120] SAURENMAN H J. Handbook of Urban Rail Noise and Vibration Control：UMTA-MA-06-0099-82-1[R/OL].（1982-02-01）. https：//rosap.ntl.bts.gov/view/dot/11387.

[121] 刘维宁，马蒙. 地铁列车振动环境影响的预测、评估与控制[M]. 北京：科学出版社，2014.

[122] BANESTYRELSEN. Vibration and structural prediction mode[R]. Denmark：D-1115-0，2000.

[123] 陈建国，夏禾，曹艳梅，等. 运行列车对周围建筑物振动影响的试验研究[J]. 振动工程学报，2008，21（5）：6.

[124] 谢达文，刘维宁，刘卫丰，等. 地铁列车振动对沿线敏感建筑的影响预测[J]. 都市快轨交通，2008，21（1）：5.

[125] 洪俊青，刘伟庆. 地铁对周边建筑物振动影响分析[J]. 振动与冲击，2006，25（4）：4.

[126] 闫维明，张向东，任珉，等. 地铁平台上建筑物竖向振动测试与分析[J]. 北京工业大学学报，2008，34（8）：6.

[127] 魏鹏勃. 城市轨道交通引起的环境振动预测与评估[D]. 北京交通大学，2009.

[128] 邬玉斌，张斌，刘应华，等. 地铁车辆段库上建筑环境振动影响规律研究[J]. 铁道学报，2015，37（8）：6.

[129] 谢伟平，陈艳明，姚春桥. 地铁车辆段上盖物业车致振动分析[J]. 振动与冲击，2016，35（8）：6.

[130] ZOU C，WANG Y，MOORE J A，et al. Train-induced field vibration measurements of ground and over-track buildings[J/OL]. Science of The Total Environment，2017，575：1339-1351. https：//doi.org/10.1016/j.scitotenv.2016.09.216.

[131] 冯牧，雷晓燕. 列车引发建筑物振动现场测试及数值分析[J]. 铁道建筑，2011（7）：5.

[132] 孙成龙，高亮，侯博文，等. 地铁线邻近建筑物振动特性及参数影响分析[J]. 北京交通大学学报，2017，41（4）：9.

[133] 刘维宁，马蒙，刘卫丰，等. 我国城市轨道交通环境振动影响的研究现况

[J]. 中国科学：技术科学，2016（6）：13.

[134] 袁葵. 地铁车辆段上盖建筑车致振动特性分析与隔振研究[D]. 武汉：武汉理工大学，2019.

[135] 谢伟平，袁葵，孙亮明. 地铁车辆段上盖建筑车致振动试验[J]. 建筑科学与工程学报，2020，37（3）：9.

[136] 何蕾，宋瑞祥，邬玉斌，等. 地铁车辆段咽喉区上盖建筑振动响应规律研究[J]. 中国环保产业，2019（10）：233-236.

[137] 汪益敏，陶子渝，邹超，等. 地铁车辆段咽喉区上盖建筑振动传播规律[J]. 交通运输工程学报，2022，22（1）.

[138] TAO Z，WANG Y，SANAYEI M，et al. Experimental study of train-induced vibration in over-track buildings in a metro depot[J]. Engineering Structures，2019，198（Nov.1）：109473.1-109473.16.

[139] 孙晓静. 地铁列车振动对环境影响的预测研究及减振措施分析[D]. 北京：北京交通大学，2008.

[140] 李清红. 频域有限元[J]. 南京理工大学学报（自然科学版），1986（1）：43-53.

[141] 徐芝纶. 弹性力学 下册[M]. 第五版. 北京：高等教育出版社，2018.

[142] PASTOR M，BINDA M，HARČARIK T. Modal Assurance Criterion[J/OL]. Procedia Engineering，2012，48：543-548.

[143] 中国建筑科学研究院. 建筑抗震设计规范：GB 50011—2010[S]. 2016 年版. 北京：中国建筑工业出版社，2016.

[144] 吴宗臻. 地铁列车振动环境影响的传递函数预测方法研究[D]. 北京：北京交通大学，2016.

[145] 陈建明. 自动控制理论[M]. 北京：电子工业出版社，2009.

[146] 陆延昌. 中国电力百科全书[M]. 北京：中国电力出版社，2014.